De
for I
D
for D

データとデザイン

人とデータのつなぎかた

櫻井稔

BNN
Bug News Network

データとデザイン　目次

はじめに

筆者は現在、Takramというデザインファームに所属し、日々データを用いたプロダクトやサービスのデザインに携わっている。経済産業省や内閣府とともに、日本の経済データから国の施策を立案するためのシステムを開発したり、建築家の隈研吾氏とともに、新しい東京の街のあり方をデータを切り口に検討したりと、極めて幅広い領域でデータと向き合いながら仕事をこなしてきた。

これまでさまざまな企業とともにデータを用いたプロダクトやサービスを生み出してきたが、そうしたプロジェクトにおける課題は、実は技術的なものだけでないということが次第に明らかになっていった。無論、適切な技術も求められるが、それと同じくらい、あるいはそれ以上に重要となるのは、「誰が、いつ、どうやってデータと触れ合うのか?」を意識し、データを処理するシステムやそれを使うためのＵＩ／ＵＸ、使う人の認知までを、統合的にデザインの対象として捉えるという姿勢だ。デザインの世界では、利用者の一連の体験を設計しようとする「サービスデザイン」という手法が一般的になっているが、データを扱うプロダクトやサービスにこそ、使う人の体験を設計するという姿勢が重要となるのだ。

本書は主に、データを用いたサービスやプロダクトを、システムからＵＸの側面まで含めて構築したいと考えているデザイナーやエンジニア、新規事業担当者に向けて書かれている。私が長年にわたり培ってきた経験と知識、そしてスタンスに基づき、データの特性の理解からサービスの設計、実装、そして体験の認知までを包含した全体設計についてまとめ、データを扱うプロダクトやサービスに取り組むうえで必要になる姿勢を伝えたいと考えている。

昨今データという存在は世の中に広く知られ、それを扱うための手法やツールが数多く提供されている。結果、データの使い方について語られる書籍や記事はたくさん出版されたが、それらの多くは「データをどう使うか」に焦点が当てられている。それに対して本書では、「データをどう使うか」ではなく、「データを人々にどう近づけるのか」を中心に据えている。つまり、データと人々がどのようにして対峙し、理解し、活用する使用環境を作り上げることができるのかを論点とする。本書ではこれを〈データデザイン〉と定義し、その具体的な手法について触れていきたいと思う。

今後ますます、私たちの生活にデータは深く関わってくるだろう。天気予報の雨雲レーダーを見ながら数時間後の予定を立てるように、ごく自然にさまざまなデータから次の一歩を考える時代が訪れるだろう。データという馴染みのないものに対して、それを実現するためには、プロダクトやサービスはもっと人々に寄り添う必要がある。常に生活者を観察してきたデザインの考え方を持つ人であれば、UI／UXのデザイン能力や、認知科学に基づく情報整理能力をフルに活用し、その役割を担うことができるだろう。

序章 ―― データと人の密結合

生活が生み出すデータという「資源」

私たちの生活は、把握が不可能なほどに大量のデータを生み出している。商品の購買記録、動画へのアクセスログ、カーナビの位置情報などなど、私たちが触れたサービスに紐づくデータは、今この瞬間も世界のどこかに記録され続けている。私たちの意思とは関係なく、まるで雪原に残る足跡のように。

そうしてデータが記録され続けた結果、従来のデータ管理システムなどでは記録や保管、解析が難しかった巨大なデータ群「ビッグデータ」が生まれた。〝ビッグ〟には明確な定義はないが、現在であればペタバイトやエクサバイトといった、一台のコンピュータには収まりきらない容量からそのように呼ばれる。多くの場合、数十〜数百台のコンピュータに分散してデータを格納し、大規模データの蓄積・分析が可能なシステムを介して目的のデータにアクセスする。

こうしたビッグデータと呼ばれる膨大なデータを扱う環境が整備され出した二〇〇〇年代半ば頃、しばらく冬の時代を迎えていた人工知能関連の研究が大きく前進した。第三次人工知能ブームだ。二〇一二年にGoogleが、「人が教えることなく、ＡＩが猫の写真を識別することに成功した」と発表し(1)、世界中の研究者に大きな衝撃を与えたことを記憶している人もいるだろう。これは、YouTubeに投稿されたビデオから一千万枚の画像をランダムに取り出して学習を行い、画像を識別させた結果、そのうちの一つが猫のグループになっていたというものだ。

その背景には、グラフィックを表示するための半導体チップであるGraphics Processing Unit（GPU）を用い、本来であればスーパーコンピュータが必要になる大量の並列計算を安価に実現する手法の開発が進み、膨大なデータと強力な計算能力の二つが揃ったということがある。そして、その二つをつなぐのが深層学習（ディープラーニング）等のアルゴリズムだ。それによって、これまで不可能とされてきた複雑な計算すらも可能となった。今では一般に知られる自動運転技術も、膨大なデータと計算能力、そしてアルゴリズムが揃ったことで実現した技術のひとつと言える。

一方で、「Data Is the New Oil」という掛け声から端を発したビッグデータブームだが長くは続かず、二〇一六年頃には下火になっていった。理由はさまざまあるが、端的に言えば、データは優れた活用方法が見つからなければ価値にはならないということだ。それでも、私たちは日常的に「最も身近なビッグデータ」である雨雲情報の恩恵を受けているように、データの適切な利用方法を見つけて「資源」として活用することは、生活者にとっても企業にとっても多くの可能性を秘めていることに変わりはない。

データはより膨大に、消費はより複雑に

ご存知のとおり、現在世界ではインターネットの急速な普及により、データの蓄積や閲覧などによる消費のスピードが年々加速している。特に新型コロナウイルス感染症によるパンデミックが、テレワークへの切り替えやオンラインエンターテインメント、ネットショッピングの利用増加などをもたらし、世界で扱われるデータ量は指数関数的に増え続けている。

たとえば、日本国内の固定通信で利用されるデータの通信量だけで見ても、パンデミック前の二年間（二〇一九～二一年）で約二倍に膨れ上がっている。総務省の統計によると、(2) 二三年のダウンロードの平均通信量は毎秒約30・5テラビット（3・81テラバイト／秒）。この通信にはストリーミング映像など閲覧後に破棄されるデータも含まれるが、国内だけでもいかに膨大な情報が行き来しているかがわかる。

データはある程度以上集積することで、私たちの生活にとって意味のある情報に変わりうる。位置情報（GPS）を想像してみてほしい。一人分のデータであれば、単純にその人がどこにいるのかの「位置情報」にとどまるが、一定量が集まると、混雑や渋滞情報といった有益な情報に姿を変える。また、長期間データを蓄積することで、季節や時間帯などの観点からその地域における混雑状況の予測なども可能となる。商品の購買データ（POS）であれば、夏にアイスやビールが、冬に温かいコーヒー

が売れるといった一般的な経験則はもちろん、さらに複雑な、たとえば平日と休日の違いや地域ごとの特性なども加味した最適な商品出荷量の分析も可能になる。

すでにAmazonでは、特定の地域における具体的な商品の注文数を予測し、実際に注文が入る前に最寄りの配送センターに商品を発送している。[3] こういった消費予測のような仕組みの一部は、さまざまな企業からもサービスとして提供されている。ＥＣプラットフォームのShopifyには需要予測サービスが付属しており、個人事業主でも仕入れの最適化ができるようになっている。

このように、集積された大量のデータは、私たちの生活においても、より高度で複雑な消費活動を可能にしている。スマートフォンの普及以降、私たちの生活がデータと密接に紐づくようになり、その流れは顕著だ。たとえばTikTokでは、画面をスワイプして次の動画に切り替えると、閲覧する人にとって興味のある内容が何もしなくても次々と出てくるようになっている。これは、人工知能による学習によって、視聴者ごとに最適化された動画を並べているからにほかならない。学習では、閲覧者ごとに各動画の再生時間や再生完了率、複数回再生数等のさまざまな要素を用いて、その人の興味があるコンテンツを導き出している。提供元のByteDance社は、人工知能によるニュースレコメンドサービスToutiaoを通じてアルゴリズムの開発を推進し、そこで磨かれた技術をTikTokのレコメンドに注ぎ込んでいる。

ひと昔前までは、音楽を聴くにしても、お店でレコードやＣＤといった物理メディアを購入し、そこで消費活動が終わっていた。だが、いまは音楽配信サービスを通じてストリーミング形式で音楽を聴き、その楽曲と関連するグッズやプロダクトなどの関連商品が止めどなくレコメンドされ、意図していなかった消費体験につながっていくことも少なくない。そして、それらがオンライン決済と紐づくことで、ワンクリックで消費が完結する世界にある。

ただし、データと紐づく体験設計は非常に複雑な情報整理が求められるため、一歩間違えれば圧倒的にわかりづらいものになってしまう。みなさんも、昨日まで並んでいたコンテンツが、レコメンドの更新によって、今日開いたら見つけられない、といった経験はあるだろう。購買データを扱うだけのECサイトであっても、サイトごとに異なるIDを発行させられたり、サービスの統合によってIDの紐づけが必要になったりと、迷路のような状態になっているのをよく目にする。だからこそ、その複雑な情報をどのようにデザインするかの重要度が日に日に高まっている。

デザイナーはデータと人をつなぐ「媒介者」

デザインには「設計」という意味が含まれている。特にUI／UXデザイナーには、ここまで示してきたような複雑化した消費を支える情報整理能力と、技術体系をある程度理解したサービスの設計能力が求められる。

　スマートフォンでの写真撮影機能を考えてみてほしい。これまでであれば、撮影だけを意識したハードウェアやソフトウェアの開発をすればよかった。だが、今では同じデバイス上で電話もすれば音楽も聴く。さらには編集からＳＮＳへのアップロード、友人とのアルバムの共有といった、ありとあらゆる機能が詰め込まれている。それだけには留まらない。写真の編集中に友人からのメッセージが届いたり、そのまま友人から紹介された動画の閲覧を始めたりと、常に体験が素早く切り替わっていることを考えれば、体験設計の難易度が圧倒的に高くなっていることは容易に想像できるだろう。そんななかで高いクオリティのデザインを実現するためには、デザイナーは部分だけに関わるのでなく、描くべき体験全体を俯瞰し、必要とされているものを体系的に理解しながら設計しなくてはならないのだ。

　データを生活に浸透させるためには、思った以上に根の深い問題が数多く眠っている。これらを解くための方法はさまざまなものが存在するが、なかでも、デザイナーが普段から習慣としている「観察」が大切になることが多い。対象になっているデータやアルゴリズムはもちろん、そのデータが生み出される状況や、想定されるアプリケーションの使用環境に対しても、フィールドリサーチやユーザーテストを積み重ねる。

　私が関わったコールセンター向けの検索システム開発の例を示そう。二〇一八年頃、人工知能を用いたチャット検索システムをコールセンター向けに開発していた。コールセンターには主にトラブルで電話がかかってくる。このシステムで実現しようとした機能はＱＡ検索と呼ばれるもので、「いつもと音が違ってスピードが出ない」といったトラブルについての違和感を文章として入れると、さまざまなケースの症状から似たような意味性をもった結果を表示してくれる。

情報工学者のR・S・テイラーの研究によれば、[4] 情報要求は①直感的要求、②意識された要求、③形式化された要求、④調整済みの要求、の四つのレベルに分類される。この分類に従えば、③「エンジンがかかるけどすぐに止まる」、④「IDxxxというエラー」といった具体的なものであれば、「エンジン　止まる」「エラー　IDxxx」といったキーワードを検索すればよいことがわかる。一方で、①「何かおかしい」とか、②「いつもと音が違う」といった相談では、検索キーワードを選ぶこと自体が難しい。前者はＡＡ（Answer Answer）検索、後者はＱＡ（Question Answer）検索と呼ばれるが、特にＱＡ検索の場合は人工知能が力を発揮する。

ただ、そこで問題が発生した。オペレータがＱＡ形式で検索するのに戸惑ったり、検索に使ったキーワードが結果に入っていないので、なぜその結果が提示されたのかを理解できなかったのだ。今でこそ質問を文章で入力して人工知能とチャットをすることに違和感がなくなってきたが、当時はまだ、皆がYahoo!やGoogle等でのキーワード検索に慣れていたためだ。

皮肉なもので、いくら高度な人工知能を用いた技術を駆使して正しい結果を出しても、「使い慣れていない」というシンプルな問題が、技術の導入を、そして「資源」としてのデータ活用を阻んでいたのだ。デザイナーは、こういった利用者の「慣れ」まで含めて体験全体を設計しなくてはならない。つまり、デザイナーには人とデータをつなぐ「媒介者」としての役割が求められるのだ。

「データのためのデザイン」と「デザインのためのデータ」

より多くの人々がデータを活用するためには、誰かがデータを読み解き、人々の手の届く場所に道具として配置する必要がある。もちろん専属のオペレータが使う道具であれば、慣れなどは関係ないと言えなくもない。しかしながら、昨今の技術の複雑性と移り変わりの早さによりシステムも頻繁に変化するため、一概に「慣れろ」とも言えなくなってきている現状がある。特に人員の入れ替わりが定期的に発生するような現場では、教育コストの増加を避けるあまり新技術の導入に二の足を踏み、レガシーなシステムを使い続け、業界全体がデータの恩恵を得られなくなってしまう。

こういった現状を打破するためにも、これまで人が努力で歩み寄っていたところを、今後はツールを適切にデザインすることで歩み寄る必要がある。常に人々の生活に寄り添ってきたデザイナーであれば、元来もつ観察眼や、認知科学にもとづく情報整理能力、感性領域から生み出す「気持ちよさ」といったポテンシャルをフルに活用し、データを社会に近づける役割を担うことができるだろう。

データと社会に接点が生まれた瞬間、データは専門家だけのものではなくなる。本当にシンプルなグラフひとつであったとしても、データを画面に描いたその瞬間から、そこには社会とのコミュニケーションが生まれるのだ。しかし、コールセンターの事例でも触れたように、たとえデータから価値ある結果が生まれていたとしても、「慣れていない」といったシンプルかつ決定的な問題によって、データはいとも簡単に「資源」から遠い存在となってしまう。

だからこそ、まずは人々にデータを届ける「データのためのデザイン」が必要となる。たとえば専門家による分析の結果を可視化によってわかりやすく示したり、次のアクションを起こしやすくする。これは、データをいかにデザインして社会に還元するかを目指し、データを人に近づけるアプローチであると言える。

一方で、私たちの生活を中心に考え、生活者の視点から、必要とされるデータ活用の姿を考える姿勢も忘れてはいけない。デザイナーがデータに向かい合い、その可能性を正しく理解したうえで、人を中心にデータを考える「デザインのためのデータ」である。

前者の「データのためのデザイン」が、専門家の積み上げた価値ある結果を人々に届けるボトムアップ型のアプローチであるとするならば、後者の「デザインのためのデータ」は、得たい価値から逆算し、データと社会をつなげるための方法を模索するトップダウン型のアプローチと言えるだろう。

本書では、第1部で「データのためのデザイン—Design for Data」をテーマに、第2部で「デザインのためのデータ—Data for Design」をテーマに、そして終章で二つのテーマを束ねた考え方を〈データデザイン—Data×Design〉として記す。多くのイノベーションが、技術の積み重ねであるボトムアップと、マーケットニーズであるトップダウンが出会う場所で生まれるように、データ活用においてもこの二つが両輪として存在しなければならない。そして、デザインの考え方こそが、データに対してトップダウンとボトムアップ両方の視点を持ちうると信じている。

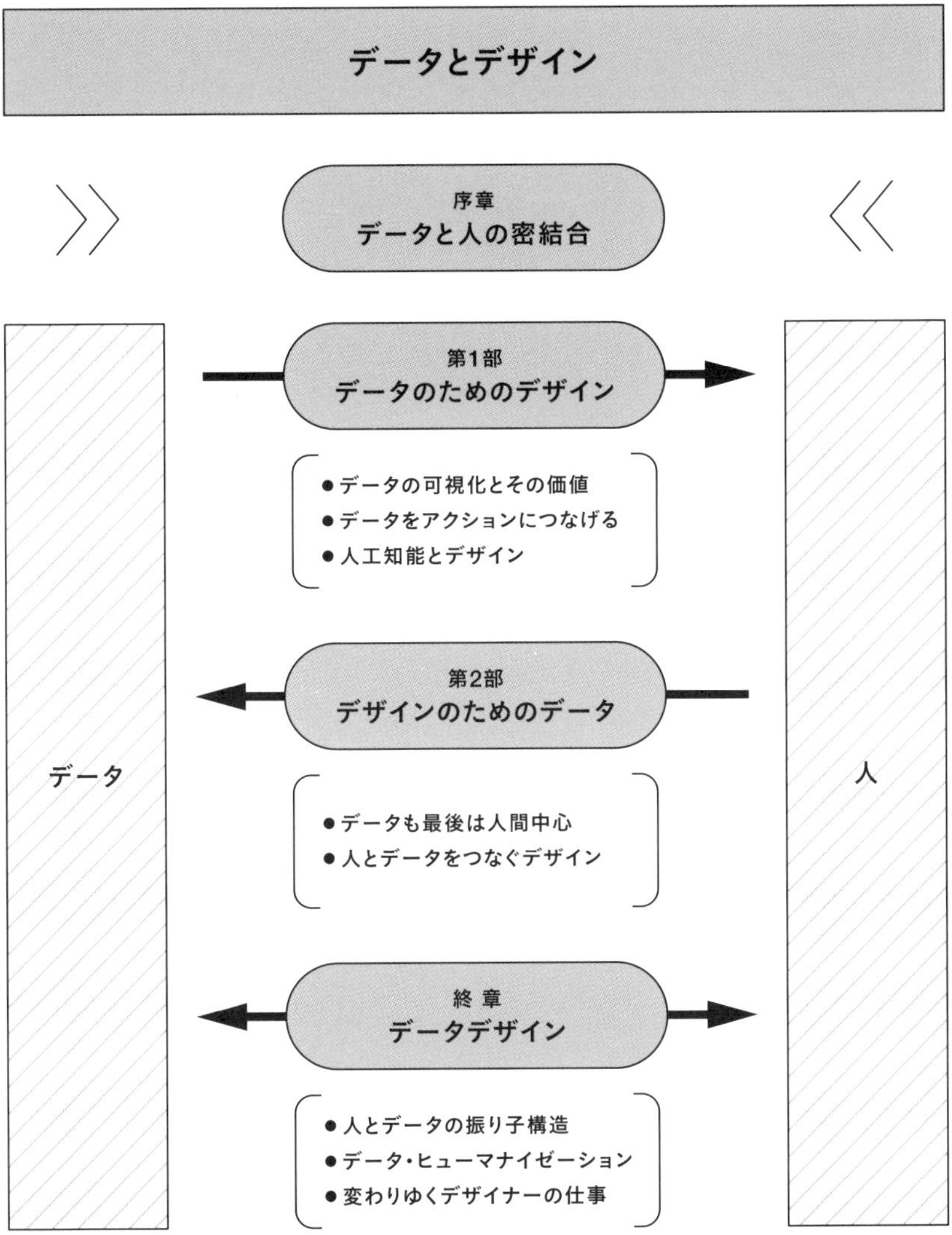

データとデザイン
序章
データと人の密結合
第1部
データのためのデザイン
●データの可視化とその価値
●データをアクションにつなげる
●人工知能とデザイン
第2部
デザインのためのデータ
●データも最後は人間中心
●人とデータをつなぐデザイン
終章
データデザイン
●人とデータの振り子構造
●データ・ヒューマナイゼーション
●変わりゆくデザイナーの仕事
データ
人

本書の全体像

第１部

Design

for

Data

データのためのデザイン：

データを人に近づける

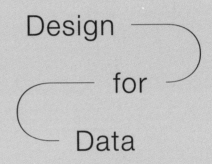

第1章

データの可視化とその価値

本章では、データのためのデザインとして最も身近な「データ可視化」について掘り下げていく。可視化の主な役割を「探索」と「提示」という二つの側面から整理していきながら、膨大なデータに歩み寄るためには、その二つの融合が必要であることを示す。

1-1
データの可視化がもたらす新たな「視点」

筆者がデザインでデータを扱うようになったのは、二〇一二年に実施した「draffic」という、東京の人流を可視化するプロジェクトがきっかけであった。当時大学の博士課程に所属していた私は、さまざまな企業で新規事業の立ち上げや研究のサポートをしており、このプロジェクトもそのひとつであった。

「このデータから人の動きを見たいんだけど」と言って渡された100メガバイト程度のデータの中身は、匿名化されたＩＤとともに時間と緯度経度が記録された数千人分のＧＰＳデータであった。話によると、企業が出店計画や広告戦略を練るための仕組みを作りたいので、個人が地図上の位置から特定されてしまわないように可視化してほしいという相談であった。

当時はビッグデータがトレンドであったものの、地図上への可視化手法は特に定まったものが存在していたわけでもなく、直接人の動きを地図上にプロットしたり、メッシュ状にヒートマップとして表示したりするものが多かった。現在のように地理情報を可視化できるフリーの開発基盤なども整っていなかったこともあり、ほぼゼロから開発を行うことになった。ちなみに、数千人の移動情報を画面上でインタラクティブに操作可能にするためには、グラフィックを描画するためのチップでデータを効率的に処理するための技法と、大量のデータから目的の行を瞬時に取り出すための並列分散処理や効率的な索引といった、高速なデータ参照のためのノウハウが求められる。幸い描画はゲームプログラミングで経験があり、データ参照についても知見があったため、比較的スムーズに最初のプロトタイプを完成させることができた。

個人情報を消すために最終的にとった手法は、「個々人を可視化するのではなく、場所で人が動いた勢いを可視化する」というものであった。３Ｄ空間の地図上に、50メートル間隔程度で仮想のセンサーをビッシリと敷き詰め、その近くを人が通ったら方向と勢いを一定時間記録し、結果を可視化することで人流を見ることができた。これは一般的に「ベクトル場」と呼ばれるもので、記録されたベクトル場上に人に見立てた粒子を大量にばらまくことで、さながら川に大量のピンポン玉を浮かべたかのように人の流れを可視化することができる。そうやって画面上に表示された景色は、当時あまり見たことのないものになった。まるで胃袋のようないびつな形をしたリングに、何本もある見えないホースから大量に粒子が流れ込んだかと思えば、しばらくするとまたホースを通って散っていく。

地図を重ねてみると、いびつなリングは山手線で、そこにつながるホースは中央線や総武線、小田急線といった、ベッドタウンへと向かう路線であった。朝になると関東一円から一斉に人が集まり滞留し、夕方になると散っていく。山手線を中心に脈打つような姿を見ると、山手線が東京の大動脈と呼ばれる所以がよくわかった。この景色は、人工衛星やヘリコプターで上空から眺めても見えるものではなく、大量のデータがあってこそ初めて浮かび上がる新たな視点であった（図１）。

データの可視化からは、見慣れている景色ですら普段と異なる視点を得られる。ビッグデータブームも一段落し、可視化技術も熟れてきた二〇一五年頃、FlightStatsという会社がリアルタイムのフライトデータをAPIで提供していることを知った。当時リアルタイムの可視化がもつ可能性について探求していた私は、早速地図上に日本周辺のフライトを可視化してみることにした。

入手したフライトデータには、時刻と緯度経度に加え、高度やスピード、便名などが付与されていた。日本にある空港を地図上にプロットして、フライトを重ねてみると、大量の飛行機が列をなして空港に離着陸する姿が映し出された。列をなして着陸する飛行機の後ろには、順番待ちをする飛行機が上空を旋回し、順番が来ると行儀よく列に並んで着陸していく。さらに、空港のデータにはその時間帯における風向きの情報が付与されていたため、画面上に表示をしてみると、ほぼすべての空港において向かい風での離着陸をしている様子を見ることができた（Flight Flow：図2）。

知識として、飛行機は向かい風での離着陸をし、風向きによっては離着陸の方向を切り替えるということは知っていたものの、実際のリアルタイムのデータからは妙なリアリティを感じることができた。あるとき空港の職員に対してプレゼンテーションをする機会があり、緊張をしながらシステムの仕組みや、画面上に表示された情報の意味などを説明した。というのも、空港職員らは普段から大量の飛行機が往来する景色を見ているうえ、飛行機に対してもっている知識という意味では、まるで歯が立たないのは明らかであったからだ。

ひとしきりプレゼンテーションをし終わると、質疑応答の時間があり、そこからは意外な展開であった。皆が口を揃えて「今までに見たことのない世界だった」とか、「こんな密度で飛んでいたのか」といった驚きとともに、自分たちの職場を上空から見ることの新鮮さを語ったのだ。可視化が生み出

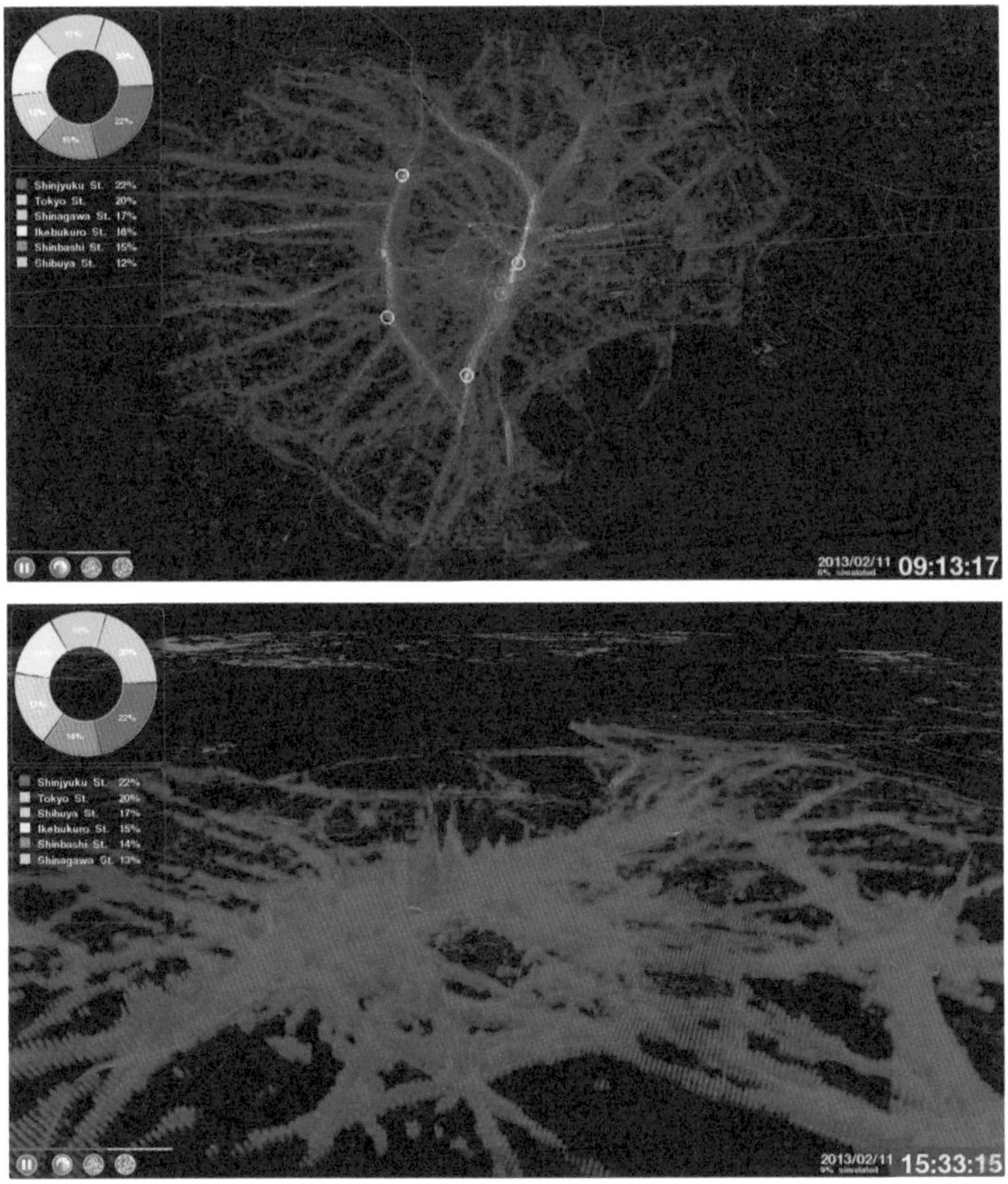

図1　株式会社電通「draffic」 人流可視化のためのプロトタイプ

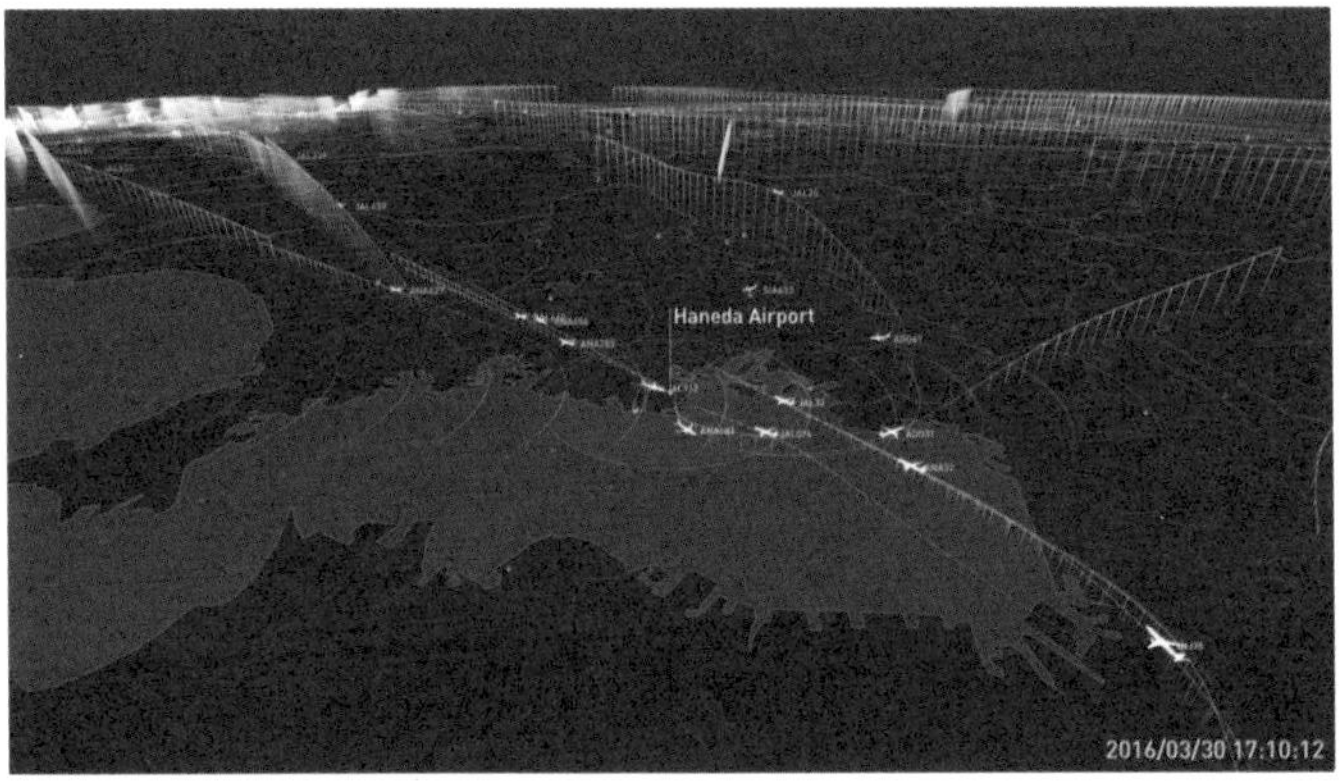

図2　Flight Flow

す俯瞰的視点は、いくら毎日勤務しているからといって得られるものではなく、むしろ毎日勤務しているからこそ得難いものなのかもしれないという感慨があった。

ここまで、大量のデータからは俯瞰的視点を得られることを紹介してきたが、たとえ量が少なかったとしても、データから記録された場の空気を感じることができる。二〇一八年にTakramがディレクションした21_21 DESIGN SIGHTでの「アスリート展」で制作された「Athlete Dynamism」では、アスリートの身体につけたセンサーのデータから特徴的な動きを抽出して可視化した（図3）。この可視化には30本程度の線しか利用されていないが、たとえ人間のシルエットが見えなくても、動きが想像できるだけでなくアスリートの息遣いまでもが聞こえてくる。このプロジェクトで用いられたデータは、一競技に対して1メガバイト程度とExcelでも簡単に開けるほどの小さいデータだが、複数のラインが描くなめらかな動きを数秒間見るだけで、何の競技の動きなのかがすぐにわかる。

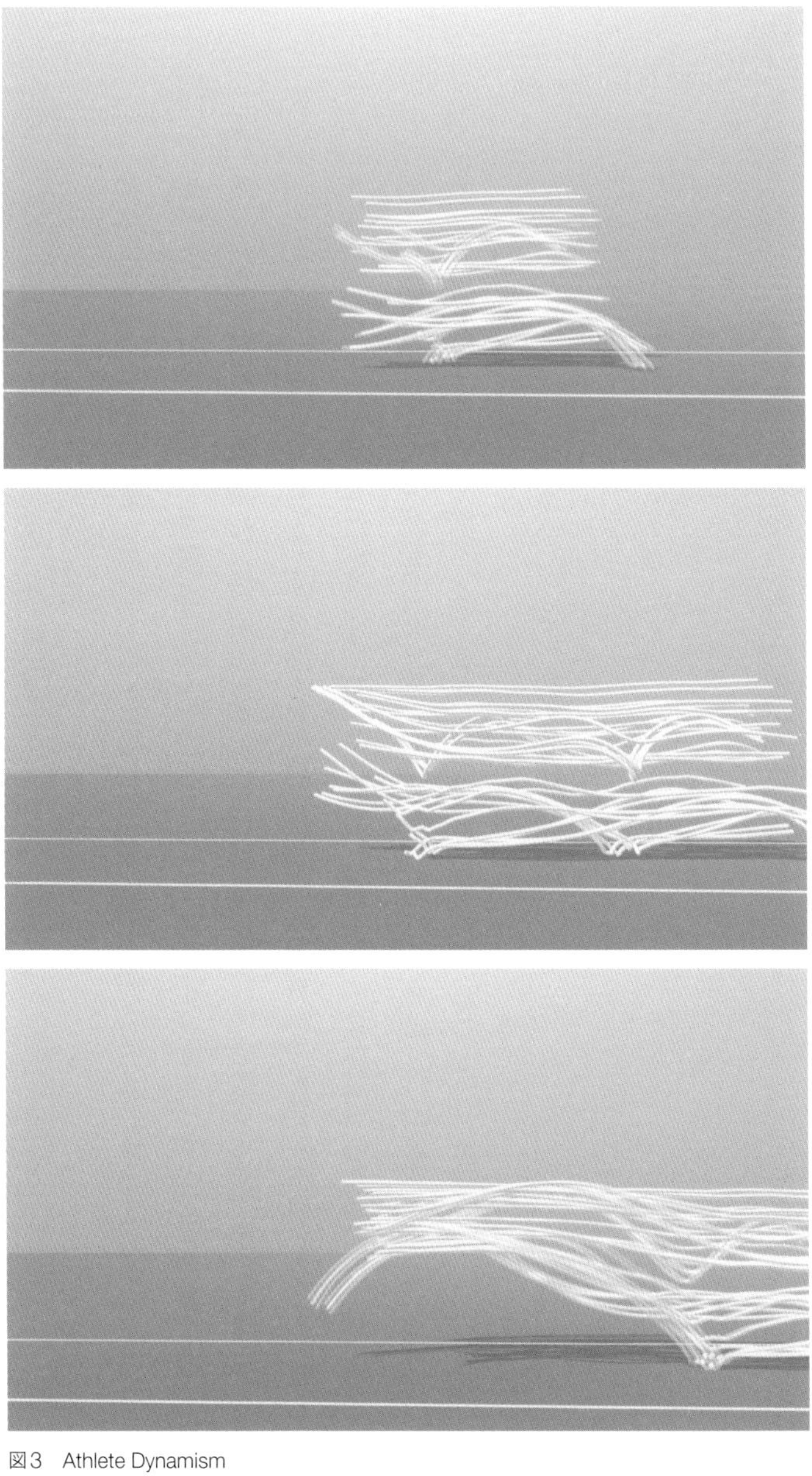

図3　Athlete Dynamism

Column

身体に起こったさまざまな事象をデータ化したものは「生体データ」と呼ばれ、手や足の動きだけでなく、体温や脈拍、呼吸といったいくつものデータから、たとえば病気や怪我などを未然に防ぐ用途などに用いられている。実際に複数の企業から熱中症を未然に防ぐためのリストバンドなどが発売され、選手の不調を監督がいち早く察知するような用途で活躍している。「Athlete Dynamism」で用いられたデータは展示のために取られたものではなく研究用途で取得されたものだが、生体データもまた、身体の異変やリスクといった目に見えない「視点」をデータから得るためのひとつの方法と言える。

1-2 「探索」と「提示」という二つの役割

私も当時手探りで可視化の世界に飛び込んだが、次第に、その役割は大きく「探索」と「提示」の二つに分類できるという仮説が生まれた。きっかけとなったのは、とある軍事関係の可視化を手掛けているエンジニアに私の創作物を見せた時の言葉であった。彼は、「この可視化は何かを探し出すためのものだね」と言った。そして「僕のやっている可視化は、山の等高線と飛行ルート、目標地点をなるべくわかりやすく示すものであって、何かを探し出すものではないからね」と付け加えた。それまでさまざまな可視化を手掛けてきたが、そのほとんどが「探す役割」と「伝える役割」、もしくはその両方に分類できることに、そのとき気づいたのだった。

データビジュアライゼーションの専門家スコット・ベリナートは、論文「Visualizations That Really Work」の中で、ビジュアルコミュニケーションを四つのタイプに分けて説明している[(5)]（図4）。彼はビジュアルでのコミュニケーションを広く「Conceptual（概念的）」なものと「Data-driven（データ駆動）」の二つに分け、同時に「Exploratory（探索的）」なものと「Declarative（宣言的）」なものにも分類した。本書では、基本的にデータをテーマにしているため、図4における「Data-driven」である右側が対象となり、同時に「Exploratory」と「Declarative」はここで言う「探索」と「提示」と同義であると言える。

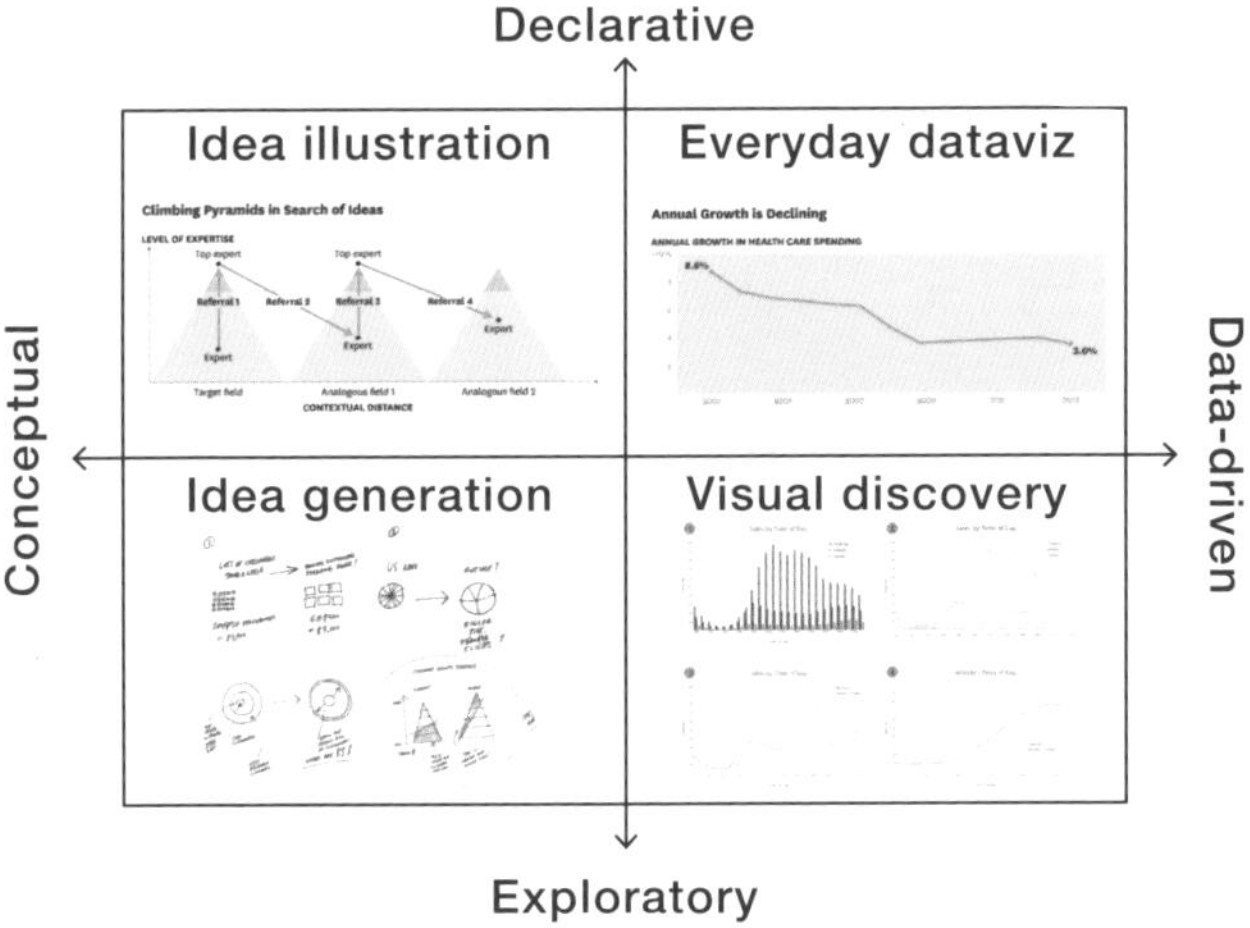

図4　ビジュアルコミュニケーションの4タイプ

この「探索」と「提示」の役割を確認するために、少し歴史を振り返ってみよう。可視化は古くからデータの全体像を把握するための有効な手法として用いられてきた。私たちが普段慣れ親しんでいる「折れ線グラフ」や「棒グラフ」といったものは、統計グラフの父と呼ばれるウィリアム・プレイフェアによって生み出された。彼の生み出した折れ線や棒グラフ、面グラフ、そして円グラフの発明は高く評価され、今日広く使用されているほとんどのグラフィック形式の発明者と言われている。彼は、基本的なグラフだけでなく、面積図や円グラフ、またそれを複合的に組み合わせたグラフなどを用い、さまざまな情報を可視化している（図5）。

提示的な可視化

提示型の可視化は、データを視覚的にわかりやすくまとめ、数字の羅列から意味を汲み取りやすくすることで、専門家に限らず多くの人にその内容を広く伝播することを得意とする。可視化の研究でたびたびとりあげられる事例に、ジョン・ス

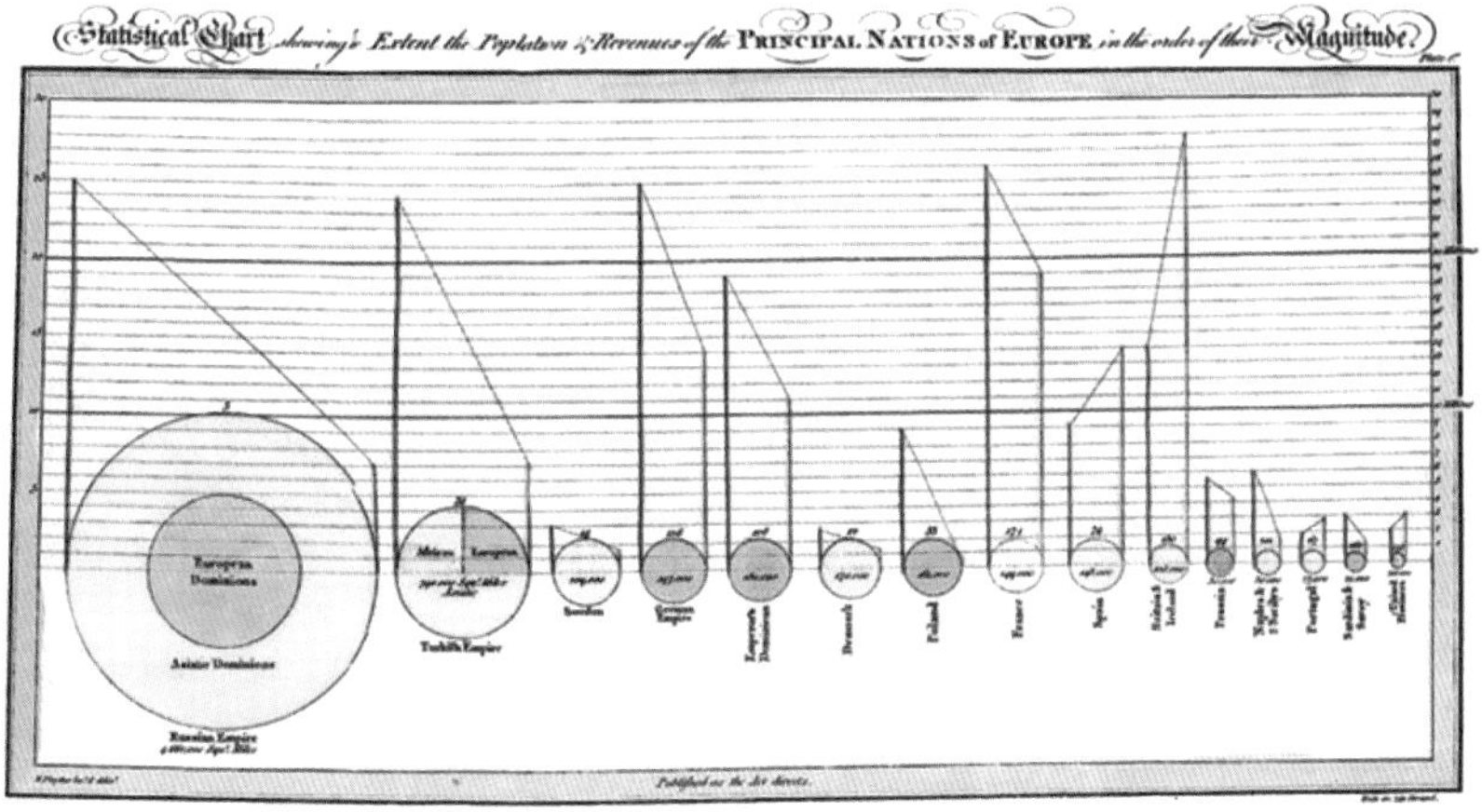

図5　ウィリアム・プレイフェアによる複合的な統計グラフ

ノウ博士によるコレラの症例マップがある。一八四八～五四年にロンドンのブロードストリート地区で発生したコレラ流行では多くの死者が出た。当時、コレラの感染は空気中の粒子が原因であると言われていたが、スノウは『ON THE MODE OF COMMUNICATION OF CHOLERA』（1854）において、「私が言っているのは、コレラ排泄物が飲んだり料理に使う目的の水に混ざり、大地に沁み込み井戸に入ったり、ドブや下水を流れ市や町全体に水を供給する川に入ることである」と記し[6]、それを示すために地図上への可視化を行った（図6）。スノウによる最初の著述[7]（1849）には地図が存在せず、表で示されていたことから、より多くの人にわかりやすく「提示」するために、地図上への可視化が試みられたものと推測される。

他にも有名な事例として、シャルル・ジョゼフ・ミナールによるナポレオンのロシア行軍の可視化が挙げられる。これは、ナポレオンが没落するきっかけとなったモスクワへの進軍において、冬期の無謀な行軍により多くの軍人が寒さと飢えで死滅したことを示している。この可視化においてミナールは、線の太さで兵士の数を、左から右を往路、右から左を復路とする時間の変化を、簡略化された地図により地理的な場所を、下部のラインチャートで気温を示し、大量の情報を一つの図にまとめ上げつつも、直感的に全体像を把握することを実現している（図7）。

また、フローレンス・ナイチンゲールはクリミア戦争での看護師としての活躍が有名だが、データを駆使して医療状況の改善に努めたことでも知られる。彼女は現場において、兵士が劣悪な衛生環境と栄養失調で死んでいくことに気づき、病院での死者数を細かく記録したデータをビジュアル化した。このチャート（図8）は鶏のトサカにその形が似ていることから「鶏頭図」と呼ばれ、現在でもデータを用いたプレゼンテーションにおいて活用されている。

これらの提示的役割をもつ可視化は、現代においても「インフォグラフィックス」として継承され、さまざまな場所で見ることができる。デビッド・マッキャンドレスはロンドンを拠点にするデザイナーで、データドリブンでありながらグラフィック的にも美しいビジュアルにより、誰にでも親しめるかたちでデータを世の中に発信している。彼はもともとプログラマーであったが、その後ジャーナリストとして活躍し、デザインを学びながら数々のグラフィックを生み出している（図9）。

このように、提示型の可視化には、数字の羅列では伝わりづらい情報を噛み砕き、より多くの人にデータの示す事実を届ける力がある。そのため特にジャーナリズムとの相性がよく、海外では米国『The New York Times』誌や英国『Guardian』誌が、日本でも朝日新聞などが、「データ・ジャーナリズム」として幅広い人々に対してデータを切片とした新たな解釈を提示している。

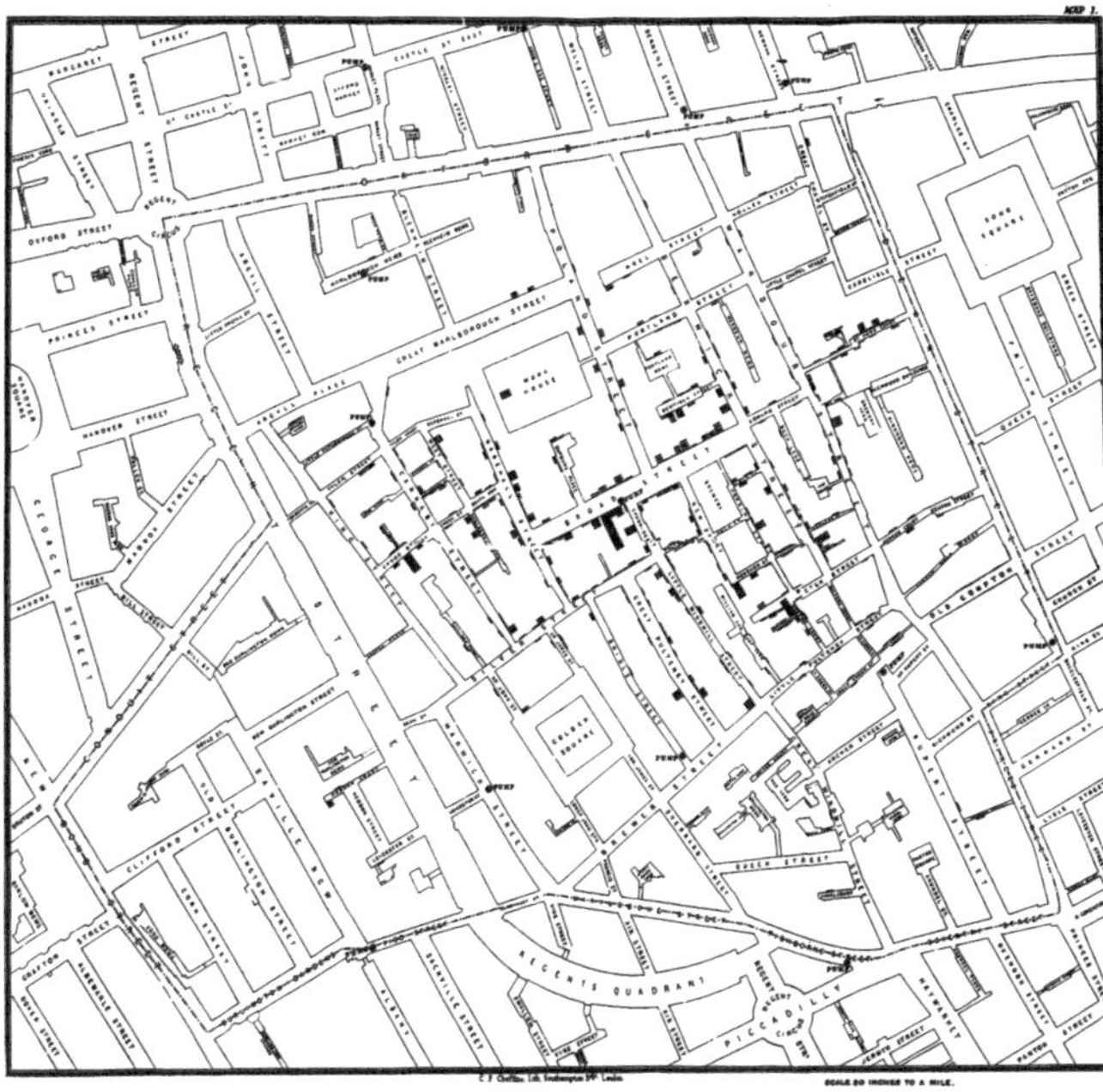

図6　ジョン・スノウによる Cholera in London（1855）

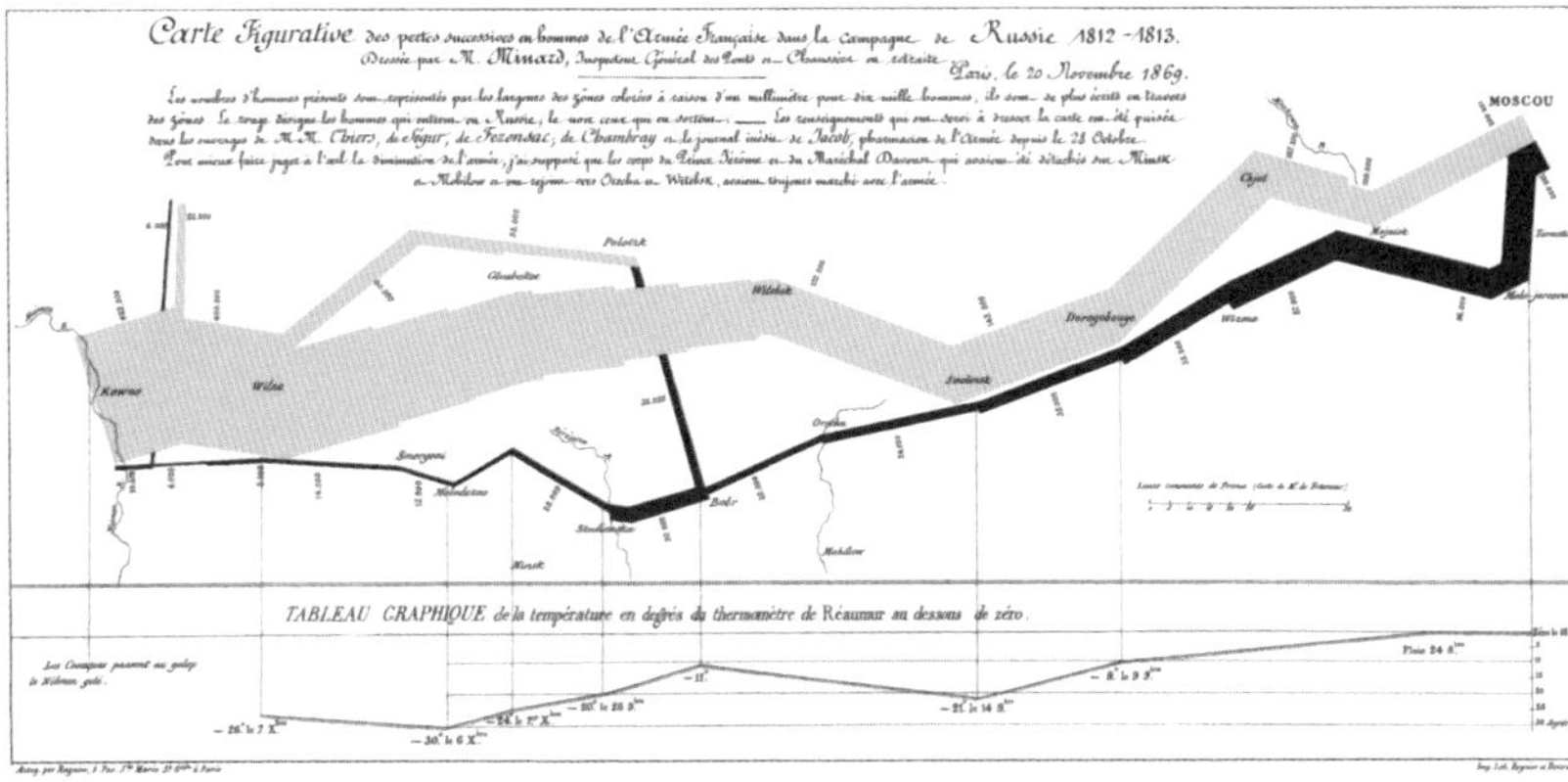

図7　シャルル・ジョゼフ・ミナールによるナポレオンのロシア行軍の可視化

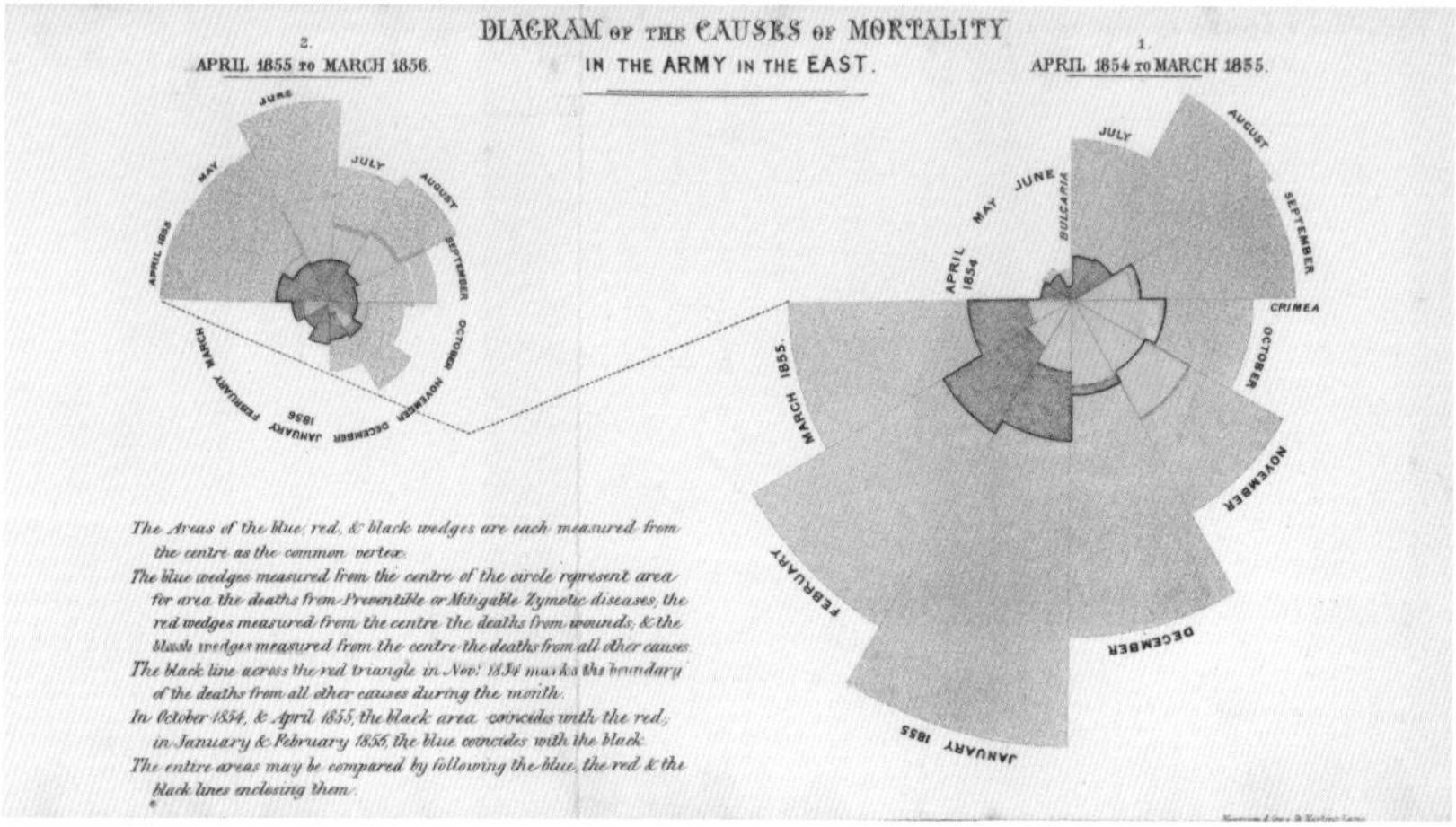

図8　フローレンス・ナイチンゲールの「鶏頭図」

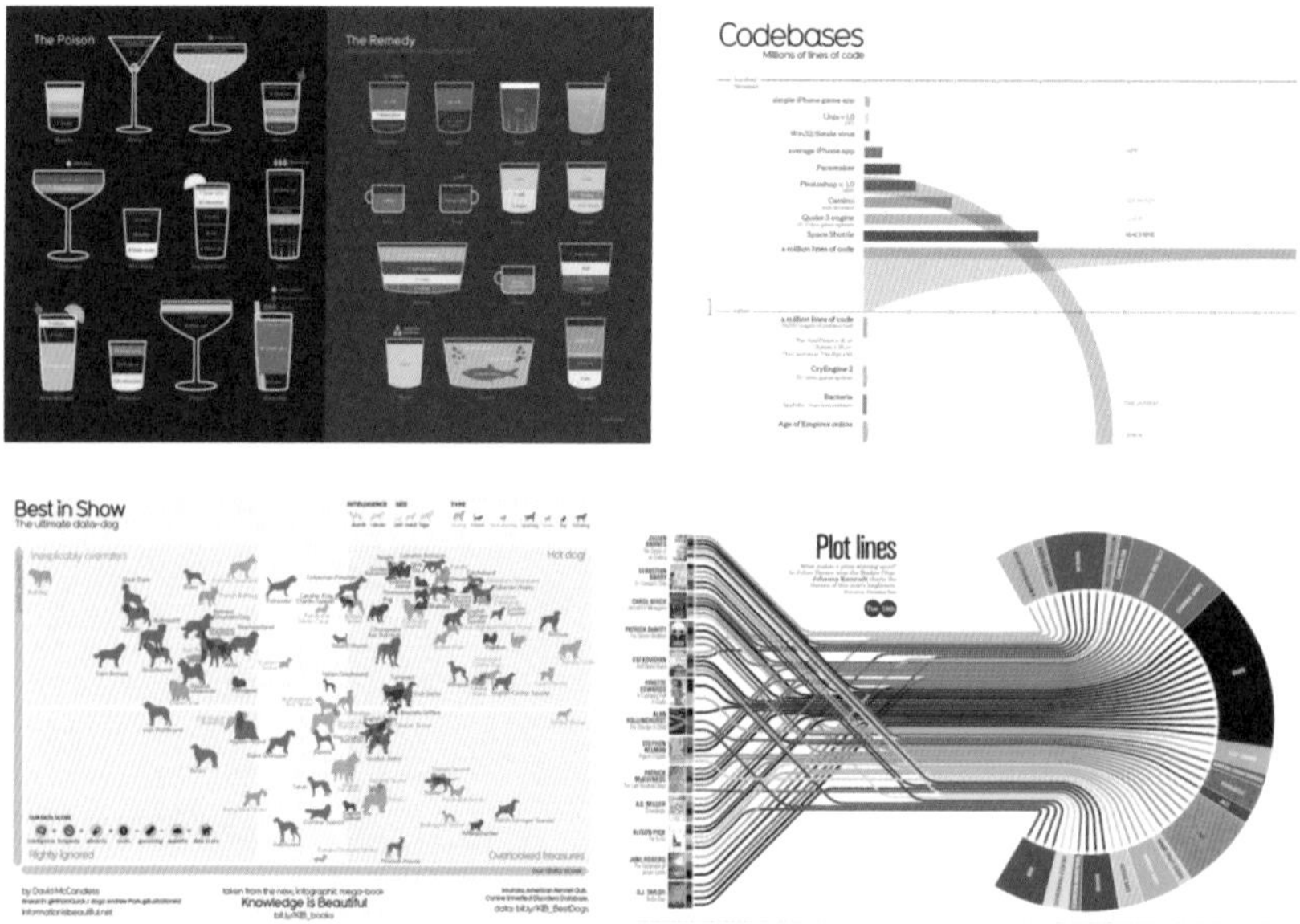

図9　デビッド・マッキャンドレスによるインフォグラフィックス

探索的な可視化

続いて探索型に移ろう。探索的な可視化は、データと可視化の間をインタラクティブに行き来しながら、新たなアクションを導き出すものだ。たとえば統計的な分野において、より適切なモデル構築のための仮説を立てたり、多くのデータから分析すべき対象を絞り込むといった、可視化を用いた分析プランの導出を得意とする。

一九七〇年代、ジョン・テューキーにより、データを探索し新しいデータ収集や実験につながるような仮説を立てる「探索的データ分析[8]（ＥＤＡ／Exploratory Data Analysis）」（図10）が推奨され、可視化はその一端を担っている。ＥＤＡは、数値の要約や可視化を用いてデータを探索し、変数間の潜在的な関係を特定するプロセスであり、早期段階からデータの異常や特徴を把握するためにも重要な役割を担う。ＥＤＡは現代においても極めて重要な考え方のひとつである。実際私がプロジェクトでデータを扱う際にも、データを受け取ったら、まずシンプルな棒グラフや、散布図といったチャートを用いてさまざまな変数について内容の確認を行い、データの全体像の把握を目指す。

探索的なデータ分析および可視化のプロセスは、コンピュータでデータを扱うようになった現代において、基本的な手法として扱われている。データ解析や統計分析に用いられるＳＡＳやＳＰＳＳといったソフトウェアパッケージや、データ解析やモデル作成に用いられる数値計算プラットフォームであるMATLABなど、データを扱う専門家のためのソフトウェアにも、それぞれチャートを描画するための機能が組み込まれ、データと可視化の間をインタラクティブに行き来できるような仕組みが整っている。また、データ分析のジャンルにおける可視化は、さまざまなオープンソースの可視化ライブラリによっても下支えされてきた。特にMatplotlib（図11）は、プログラミング言語Pythonで簡単にグラフを描画するための無料のライブラリとして、さまざまな研究者によって活用されている。

このように、探索的な可視化は、主に専門家がその計算の経過や結果を確認し、改めて計算をするといった用途で活躍している。

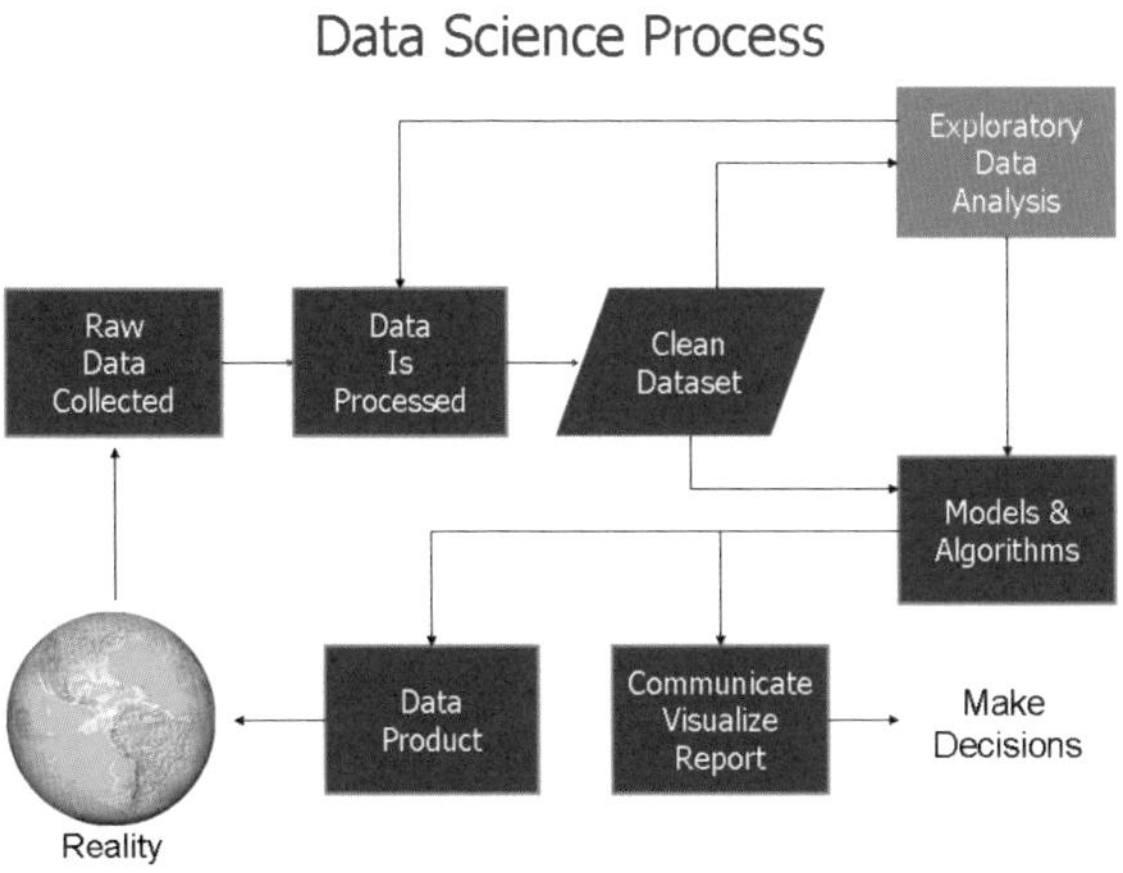

図10　探索的データ分析

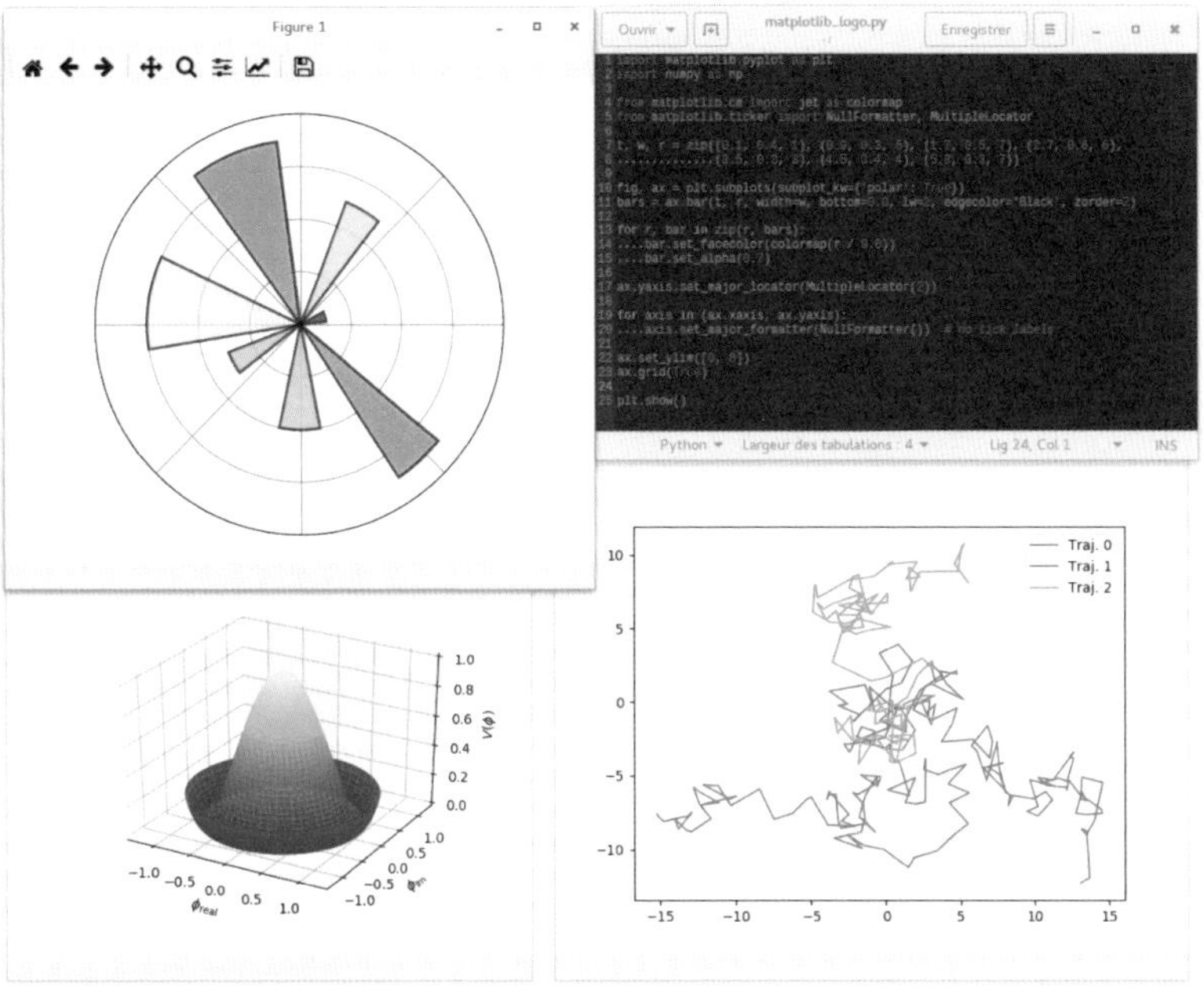

図11　Matplotlib

1-3

求められる「探索」と「提示」の融合

ここまで見てきたように、これまでは「探索」と「提示」に分けられてきた可視化であるが、ビッグデータの登場以降、データの全体像を把握すること、つまり「探索」と「提示」の融合が強く求められるようになってきた。特に、データをビジネスの現場で意思決定に用いることがより一般化し、経営者や現場責任者等といった専門家以外によるデータの読み解きが求められるようになったのが大きな要因と言える。これまでは、無味乾燥とした棒グラフやラインチャートを示し、専門家やその周辺で理解できればよかった。だが、より多くの人がデータに触れるようになったこともあり、より視認性や明瞭性を意識した「可視化」という手法を通じて、多くの人々へと届けられるようになったのである。

私が二〇一二年に行った東京の人流可視化をきっかけにデータを積極的に扱うようになったのも、多くの人がデータに向かい合うようになった結果、データの可視化が「探索」と「提示」の両方の役割を求められるようになってきたのを感じることができたからだ。それまでも幾度となくデータの可視化に関わってきたが、その多くが「探索」か「提示」のどちらか片方の役割を求められるものがほとんどであった。探索的役割の場合、ラインチャートやバーチャート等、専門家のために必要最低限の機能性をもったシンプルな可視化であることが多く、デザイナーの生み出す情緒的価値が必要とされない。逆に提示的役割の場合、コミュニケーションに重点が置かれるため、インフォグラフィックスのような情緒性を求められることが多く、エンジニアの生み出す機能性が必要とされることが少ない。デザインエンジニアという両方の特性をもつ私にとって、データと人を近づけるためには、可視化が「提示」だけではなく「探索」にも用いられる道具であることこそが重要であると思えた。

Column

『FACTFULNESS』の著者としても有名なハンス・ロスリングは、統計学と医学を学んだ後に公衆衛生学を学び、人々が新たなかたちでデータを見られるように尽力してきた人物である。デビッド・マッキャンドレスの師でもある彼は、データを分析する楽しさを人々に伝えると同時に、統計アニメーションのソフトウェアであるTrendalyzerを開発することで、探索的かつ提示的にデータを扱う環境を生み出そうとした。Trendalyzerは、時系列データをフィルタリングしながら、その大きさや変化をインタラクティブに表示することで、

図12　Trendalyzer

データから新たな気づきを得ることができるソフトウェアだ（図12）。ロスリングは、インタラクティブに「探索」できる可視化を「提示」とつなげることで、データをより多くの人に開かれたものにしようと奔走した代表者と言える。

拡大したBIツールのニーズ

近年、企業が持っているさまざまなデータを分析・可視化し、業務に役立てるソフトウェアとしてＢＩ（Business Intelligence）ツールのニーズが高まっている。特にビッグデータ活用において、膨大なデータセットから迅速かつ精度の高い意思決定を行うためには、インタラクティブ性をもった「探索」と、訴求力を持った「提示」の両方を叶えるツールが欠かせない。

私たちが普段使っているExcel等の表計算ソフトと比べてみると、なぜＢＩツールが必要とされたのかが理解しやすいのではないかと思う。ＢＩツールでは、膨大なデータ量を高速に扱うための「探索」の仕組みと、わかりやすく「提示」する可視化がポイントとなる。

まず探索については、ビッグデータの登場とともに、扱わなければならないデータ容量が爆発的に増加したことにより、割と早い段階で、Excel等のソフトウェア上にすべてのデータを一度ロードするといった処理の方法が不可能となった。そのため、ＢＩツールはデータベースに直接接続し、ユーザーの知りたい情報に合わせて「クエリ」と呼ばれるデータ取得用の命令を発行し、必要となるデータのみを取得するようになった。

次に提示については、ＢＩツールでは取得されたデータを即座にインタラクティブなバーチャートやバブルチャートといった適切な表現方法で画面上にわかりやすく描画できる。ユーザーは描画されたチャートを触りながら、種類別に比較したり時系列で並べ替えたりする操作を通して、データから何か気づきを得るために試行錯誤する。すると、裏側では操作結果を表示するために必要なデータ取得命令が発行され、再度データベースへの問い合わせが行われる。この「探索」と「提示」の融合により、ＢＩツールは人とデータの距離を一気に近いものにしたのである。

Column

なぜ膨大な容量のデータを扱うためにデータベースが必要となるのかについて触れておこう。私たちの普段使用するテキスト編集アプリケーション等は、メモリと呼ばれる高速な一時記憶媒体にデータを格納し、その中に高速な処理が必要なデータを出し入れする。これはＳＳＤの約20倍、ＨＤＤの約120倍程度の速度が出る反面、格納できるデータ容量が限られている。そのため、すべてのデータを一度に格納することができず、読み込みが停止したりアプリケーションがフリーズするといった状況に陥る。それに対しデータベースは、もともと大量のデータ記録・参照を前提に作られているため、メモリ上にはＨＤＤやＳＳＤ内のデータ位置を記録した最低限の情報のみ格納し、要求に従って目的のデータを取り出すような仕組みとなっている。前者が机の上に全データを並べて処理するのに対し、後者は巨大なキャビネットにデータを整理しながら格納し、必要な部分のみを素早く取り出すための索引が準備されているようなイメージをもってもらうとよいだろう。

Googleのデータポータル（Looker Studio）やMicrosoftのPower BIなど、各社がさまざまなＢＩツールを提供しているが、特に有名なものとしてTableauが挙げられる。Tableauはパット・ハンラハンにより一九九七年から二〇〇二年にスタンフォード大学で行われた研究をもとに作られ、二〇〇三年にスピンアウトしてTableau Softwareとして独立した。さまざまな種類のデータベースに接続が可能で、シンプルなマウス操作をクエリ（データベースへの命令文）に変換し、結果をグラフとして可視化するVisQLをその基盤としている。

また、ＢＩをさらに「探索」に近づけた分野として「Visual Analytics」が挙げられる。Visual Analyticsは「インタラクティブなビジュアルインタフェースを用いて、分析的推論をサポートする分野」であると定義されている。先に紹介したＳＡＳやＳＰＳＳといったデータ解析や統計分析に用いられるソフトウェアパッケージにもVisual Analytics機能が実装され、より専門的なデータ分析と可視化を両立している。そのため、こうした機能をもつＢＩツールは「データディスカバリＢＩ」と呼ばれたりもする。ＳＡＳは自社の資料において、その特徴を「ANALYTICAL INSIGHTS」と「OPERATIONAL DECISIONS」という言葉で説明しているが[9]、これはまさに「探索」と「提示」の両立・融合を目指した姿であると言えるだろう。

1-4 RESAS Prototype：探索×提示の可視化プロジェクト

ここからは、筆者による「探索」と「提示」の融合に取り組んだプロジェクトを紹介することで、その融合における重要なポイントを示していきたい。

私が可視化の領域に踏み込んでから数年後の二〇一四年春、Takramにひとつの相談がもちかけられた。経済産業省が主導して、日本経済にまつわる膨大な量のデータを活用するために、可視化システムを作りたいというものであった。プロジェクトにはさまざまなデータプロバイダが集結し、どのようなシステムが必要となるかを議論していたが、当時誰も答えを持ち合わせていなかったため、まずはプロトタイプを制作することとなった。大規模な経済データをわかりやすく、そして美しく表現するために、このプロトタイプでは数多くの先進的な可視化手法が考案され、テストされた。その結果、複雑で一見把握の難しい情報が、３Ｄ空間の中に美しいビジュアルとして展開されるシステム「RESAS Prototype」が構築された。後にこのシステムは、その先進性が評価され、二〇一五年のグッドデザイン賞金賞（大賞候補）を受賞した。

RESASプロジェクトの基本コンセプトは、現在でいうＥＢＰＭ（エビデンス・ベースト・ポリシー・メイキング）にあたる、合理的根拠にもとづく政策立案にあった。二〇一四年当時、三八五万社にのぼる中小企業に対し、全体像がわからないまま闇雲に水を撒くような支援をしている状況に対する課題感から、職員全員が同じ情報を持つことで、より効率的な支援ができるようになることを目指して開発が開始された。同時にこのシステムは、可視化を目的としたものではなく、各自治体が自ら考えて動くためのツールづくりを目指していた。まさに、先に挙げた「提示」のための可視化だけでなく、「探索」も目的としていたのである。

地図のもつ力

筆者らはまず、さまざまなデータを可視化するためのベースとなる構成から検討を始めた。RESAS Prototypeは経済の可視化を目指していたため、企業の従業員数や売上といったものだけでなく、時系列での変化や地理情報といった多種多様なデータを扱う必要があった。さまざまなグラフ表現等を検討したが、当時「Excel上のデータでは見えないものを可視化したい」というチャレンジングな課題設定に対し、地図上への可視化を基本とする方針を打ち出した。これは、政策の立案が地理的な隔たりで分断されてしまうことを避けるという意味合いもあった。たとえば石川県の繊維産業は石川県内のみに閉じたものでなく、周辺の諸地域とつながることで成り立っている。セオリー通りに実装するのであれば、地域の選択から地域内の産業レポートを表示したり、逆に産業の選択から地域間のつながりを見つけるといった方法がありうるが、それらを同時に一つの画面上で俯瞰することを目指していた（図13）。

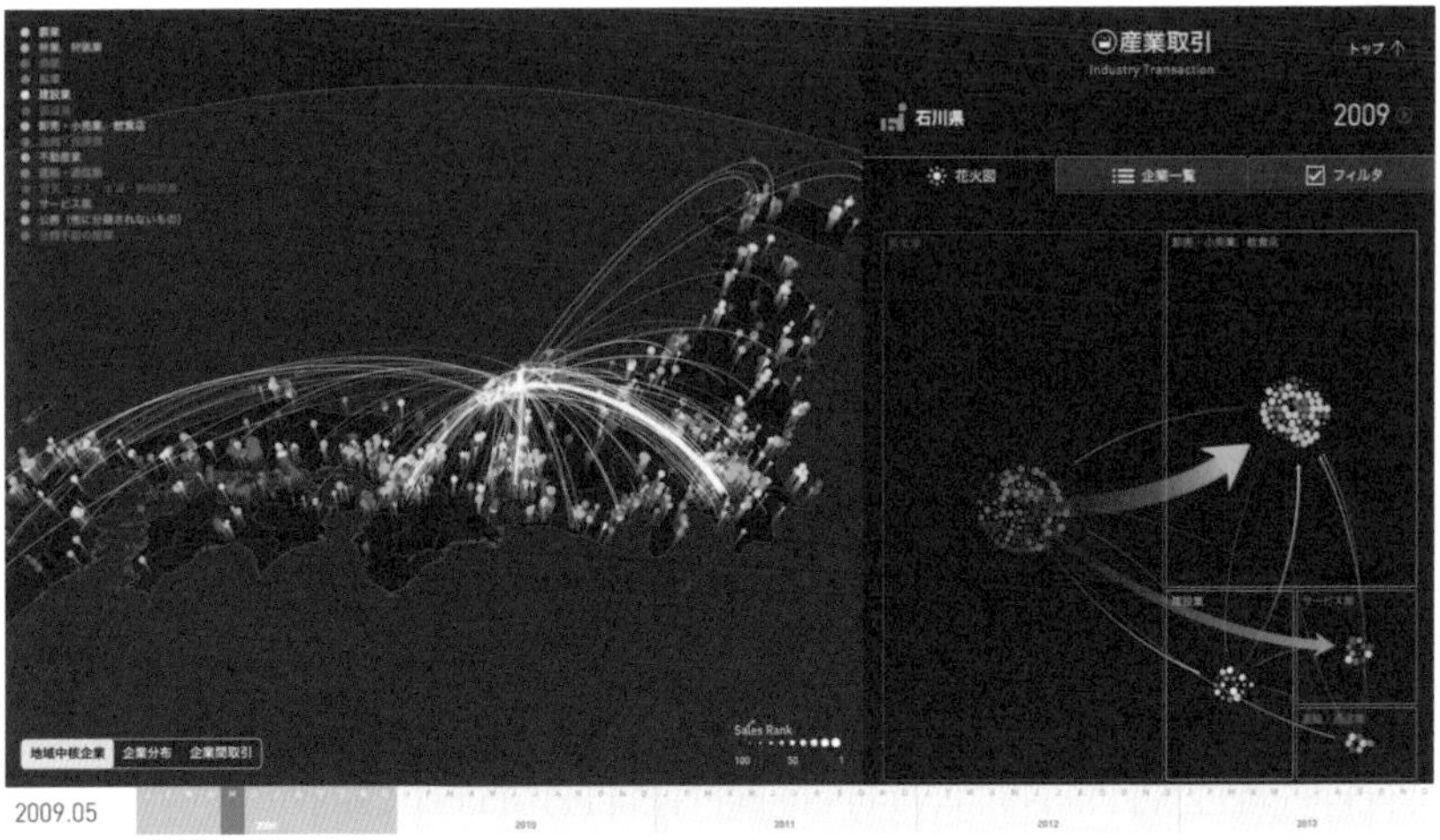

図13　RESAS Prototype：石川県の産業の諸地域とのつながりを示している

また、地図というものは多くの人にとって馴染みのあるビジュアルであることも、地図をベースとした理由の大きなひとつと言える。ターゲットとしていたユーザーがデータの専門家ではなく、各自治体の職員であったことからも、なるべく無味乾燥な「データ」という見え方を避け、身の回りの出来事であるという認識をもってもらうことを目指していた。デザインの仕事ではよく「メンタルモデル」という表現を使うが、私たちには日々の生活のなかで無意識に培われた価値観や思い込みが存在し、ものごとを前にした際に、ゼロから思考せず、自分のなかにあるメンタルモデルを前提として判断や解釈をする。地図というメディアは、多くの人のメンタルモデルとの相性がよく、たとえば繊維産業を地理的に可視化するだけで「あぁ、たしかにあのあたりには繊維系の会社が集まってるよねぇ」と思えるのだ。

鳥の目と虫の目

本章のはじめに、可視化は新たな「視点」をもたらす可能性を秘めていることについて触れた。特にフライトの可視化では、普段地上で働いているスタッフにとって、上空からの視点が新鮮であったことを紹介した。「鳥の目」と「虫の目」という言葉があるが、これには高いところから全体を俯瞰する「鳥の目」と、近いところに寄って注意深く観察する「虫の目」という、二つの異なる視点から物事を見ることで、これまで見えてこなかった事象を立体的に捉えるという意味がある。RESAS Prototypeでは、上空からの「鳥の目」だけでなく、特定のポイントを細かく観察する「虫の目」との両立をコンセプトに掲げ、その実現方法を模索した。

地図上への描画はまさに「鳥の目」であり、先に触れた通り、多くの人に俯瞰的な視点を無意識のうちに与える力がある。一方で地図表現は、起こっている事象を量的に細かく比較する「虫の目」に適しているとは言い難い。可視化の歴史を振り返る箇所でも触れたが、量的な比較は円グラフ、時系列での変化は線グラフといった、過去に発明された手法が圧倒的に優れている。もちろん地図上に円グラフを並べるような表現も入るものの、平面上にラベルを付けて並べた状態に比べると、どうしても読み解きづらいものになってしまう。特に３Ｄの地理空間では、奥行きがサイズの変化を生んでしまうことから、グラフ描画には適していない。そこで、RESAS Prototypeでは、画面を左右に分割し、左側には３Ｄの地図を、右側には２Ｄのグラフを表示するという非常にシンプルな解決方法をとった(図14)。さらに、左側の地図で選択したエリアの詳細を右側にグラフで表示し、逆に右側のグラフでハイライトした数値をマップ上でもハイライトするといった具合に、地図とグラフをインタラクションでつないだ。これによって、左側の地図空間で俯瞰的な「鳥の目」を、右側のグラフエリアで詳細な「虫の目」を両立できる構成を実現した。用いた手法はどれも凡庸なものであったものの、その集

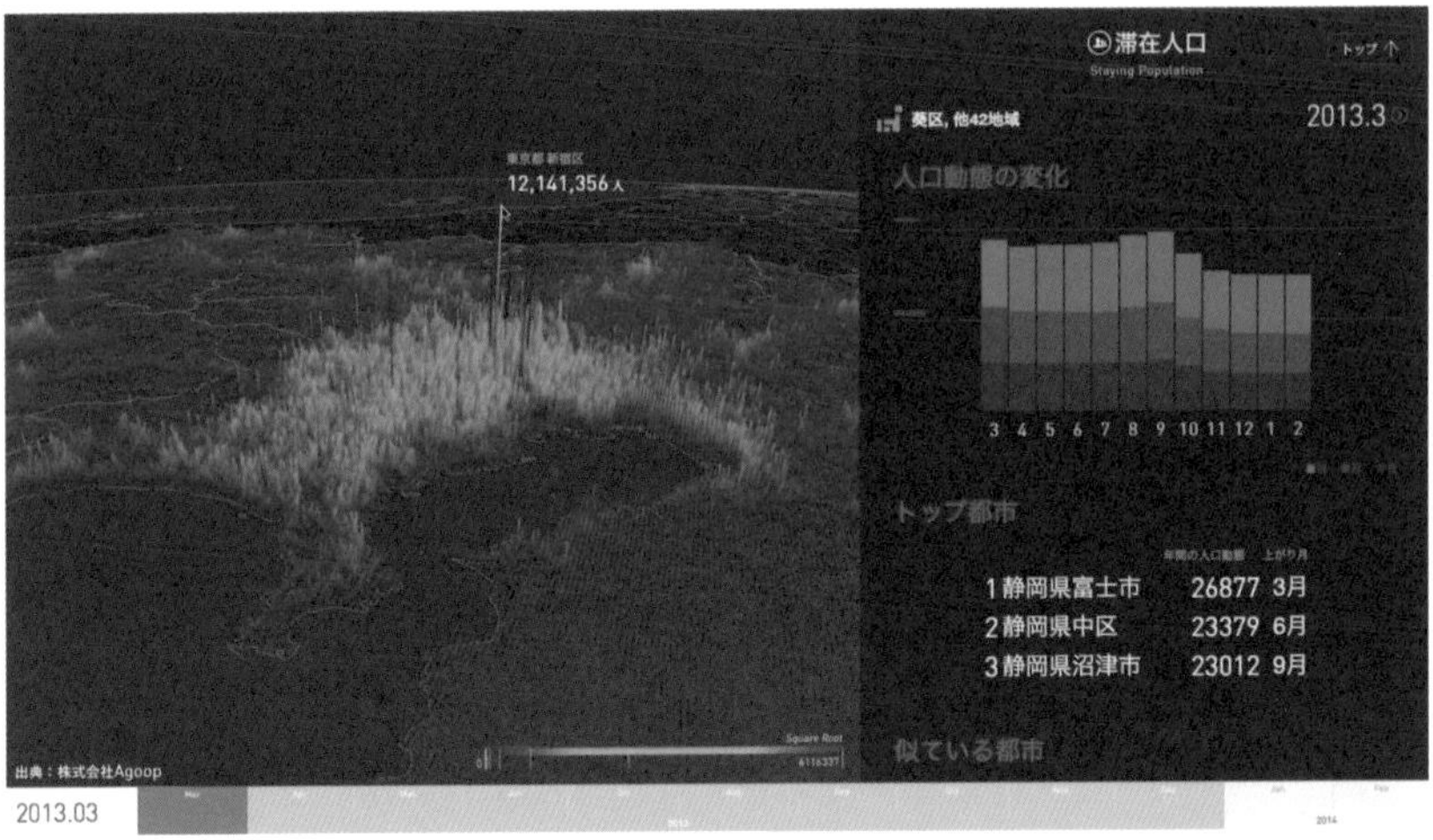

図14　RESAS Prototype：画面の左と右で、「鳥の目」と「虫の目」を両立する

合体による体験は、極めて多角的な視点を生み出すに至った。

認知限界との戦い

人間の認知能力や情報処理能力の限界を「認知限界」と呼ぶが、これまで触れてきた地図上への描画も、「鳥の目」と「虫の目」の両立も、基本的には人間の「認知限界」への挑戦と言える。ハーバード大学の心理学者ジョージ・ミラー教授による「マジカルナンバー7」[10]という言葉がある。人間が瞬間的に保持できる情報の数は、人それぞれ差異はあるものの、7±2に収まるというものだ。この研究はさまざまな分野で参照されており、建築家クリストファー・アレグザンダーも著書の『パタン・ランゲージ―環境設計の手引』[11]においてミラーの研究を挙げ、「5から7以上の物体の集合は、単に〝多くのもの〟としてしか知覚できない」と指摘し、駐車場の規模は8台以上になると「車の支配する領分になる」と記している。その後二〇〇一年にはミズーリ大学の心理学者ネルソン・コーワン教授が「マジカルナンバー4」[12]を発表し、人間が短期記憶で保持できる情報の数は４±２であるとして、人間の短期記憶領域がいかに小さいかを示した。デザインの仕事においても、情報量が多いグラフィックやインタフェースは人の認知の限界を簡単に超えてしまうため、常に注意を払う必要がある。

Column

データ可視化の一つであるカーナビゲーションシステムは、認知限界の突破が人の命を奪ってしまう可能性があるため、多くの安全性に関する規格やガイドラインが存在している。有名なものとして、一般社団法人日本自動車工業会の定める「画像表示装置ガイドライン」[13]が挙げられる。ガイドラインの中では、装置の取り付け位置や、輝度、コントラスト、色合いなどだけでなく、走行中のコンテンツごとの表示可否について細かく定められている。施設情報を表示する際にも、案内図や外観イメージは可とされる一方で、店内イメージや商品イメージは「運転者が困惑を受ける」とい

<table>
<tr><th>画像分類</th><th colspan="2">内 容</th><th>走行中の表示</th><th>備 考</th></tr>
<tr><td rowspan="7">静止画</td><td rowspan="2">交通情報</td><td>カメラ映像</td><td>○</td><td>短時間に理解できれば可</td></tr>
<tr><td>案内図</td><td>○</td><td>VICSレベル2程度なら可</td></tr>
<tr><td>天気予報</td><td>マーク</td><td>○</td><td></td></tr>
<tr><td rowspan="4">施設情報</td><td>案内図(道順)</td><td>○</td><td>VICSレベル2程度なら可</td></tr>
<tr><td>外観イメージ</td><td>○</td><td></td></tr>
<tr><td>店内イメージ</td><td>×</td><td></td></tr>
<tr><td>商品イメージ</td><td>×</td><td></td></tr>
</table>

図15　画像表示装置ガイドライン

う理由から不可とされている（図15）。

RESAS Prototypeにおいても、提示したい情報が無数に存在したため、プロトタイプを何度も作り直しながら要素の優先順位を検討した。たとえば中小企業の情報だけでも、位置や規模はもちろん、産業分類や創業年数、さらには他企業との取引情報などさまざまな要素が存在する。可視化では、①位置情報は地図上にプロットし、②規模はピンのサイズや高さ、③産業分類は色、④企業間取引を線、と順に要素を割り振っていくと、ちょうど4〜5要素程度で認知限界を超え始める。また、三次元空間上への表現では、位置や色の違いは識別しやすいが、サイズや形状の違いは識別しづらい傾向にある。そういった特性を加味しながら、X、Yを緯度経度、色を産業分類、と順に割り振る作業は、人間の認知負荷の低い表現手法から順に次元を消費していくような作業と言える。

前述したように、RESASは職員全員が自ら「探索」し、考えて動くためのツールづくりを目指し、同時に政策立案というプレゼンテーションにおいて「提示」的な役割をも担えることを目標としていた。そのために、まずは多くの人が感覚的に捉えることのできる「地図」というメディアを用いてデータに触れてもらおうと試みたのだった。地図は、データを「鳥の目」から俯瞰的に捉えることを可能にし、全体像を把握するのに適している。一方で、実際に地図上で何が起きているのかを論理的に解釈するためには、棒グラフや折れ線グラフといった古くから培われてきた手法が最も適していたため、

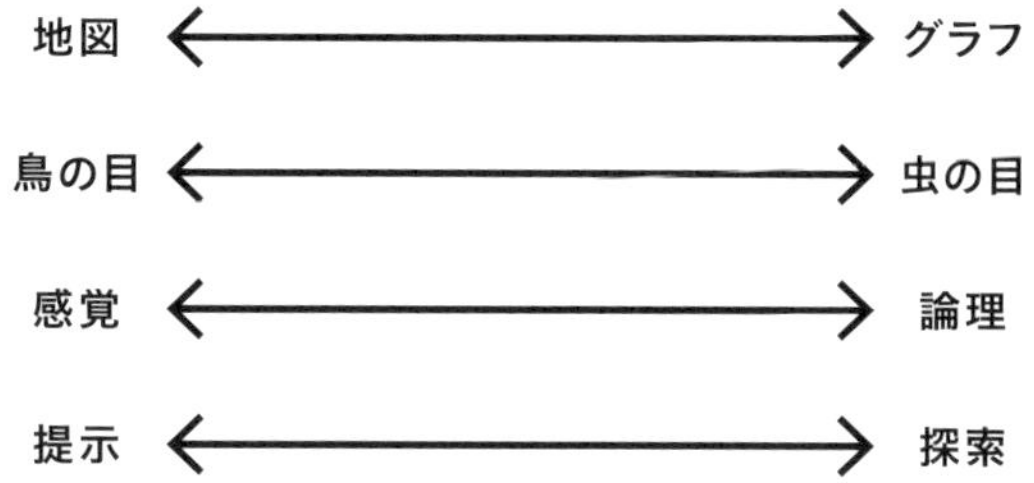

図16　画面の左右で「鳥の目」と「虫の目」をつなぐ

その二つを画面の左右に配置し、インタラクションでつなぐことで同時に実現した（図16）。

このように、筆者らは膨大な量のデータを前に、脳の認知負荷を可能なかぎり下げる方法を模索しながらRESAS Prototypeを構築していった。心地よく認知が可能なビジュアルを探る作業は、極めて感覚的であり、デザインにおけるビジュアルコミュニケーションの思考法とも近い。感覚的にデータを捉えることができる「提示」方法を探り、同時に、論理的な「探索」を可能にするための可視化システムの構築は、感覚で捉える右脳と、論理的に思考する左脳の両方を最大限用いて、認知限界を引き上げるような手法と言える。人間の脳の知覚は８割が視覚野からの情報に頼っていると言われているが、可視化はまさにその知覚領域を活用し、右脳を巻き込みながらデータとのコミュニケーションを可能にする手法であると言えるだろう。

用途の定義と最適化

ここまで説明してきたいくつかのポイントは、Tableau等の一般的なＢＩツールでも、ある程度実現可能なものが多い。現に筆者もデータを受け取ると、取り敢えずTableauで描画をするようなプロセスを踏み、インタラクティブな描画をされたグラフを「鳥の目と虫の目」をもって探索したりする。では、何がTableauと異なるのか。それは利用ユーザーと用途を定めたうえで行う最適化にほかならない。たとえば、「鳥の目と虫の目」というひとつをとりあげても、鳥の目ではどの程度の量で何が見えているべきか、虫の目ではどの情報がハイライトされているべきか、といった表示コンテンツの最適化を行っている。図13の右側は「花火図」と呼ばれる独自の可視化手法だが、「産業間の取引構造を、具体的な企業の数と売上とともに見たい」という要望があり、新たなチャートを生み出すような挑戦も積極的に取り入れた。他にも、認知限界に収めるために、産業分類を統合して絞ったり、グラフ化したときに隣り合う可能性の高い産業の色は、視覚的に分別しやすいような色を選択したりと、さまざまな調整が積み重なり、最終的な使いやすさを生み出す工夫をしている。

中でも、ＢＩツールと最も大きく異なるポイントは、「マップ」という単位での用途の定義にある。一般的に、ソフトウェアは自由度が高い方が良いと思われがちだが、自由度が高ければ高いほど使う側に強い目的意識や分析のための技術が求められる。今回対象としていた各自治体の職員は、データに馴染みがあるわけではないので、「探索」の範囲が無限に広がっていると何から手を付けてよいのかわからない状態に陥ってしまう。そのため、システムの設計時に「サプライチェーンを見る」といった粒度で、ある程度「探索」の目的を設定し、それに適した可視化を「マップ」という単位で提供している。これにより、とりあえずサプライチェーンを見たいと思ってメニューをクリックすれば、まずは日本全国のサプライチェーンの状態が画面に表示され、そこから地域の選択や、フィルタの適用などをしながら、次第に詳細へと掘り進めてもらえるようになっている。

もちろん、これらの最適化は想定ユーザーが絞られているからこそ可能なアプローチであり、汎用性を重視したＢＩツールとは前提が異なる。そのため、並べて比較することに意味はないが、人とデータ、それぞれの特性を理解し、その間をつないでゴールへと導くために、最適化が必要となることはご理解いただけただろう。最終的に、RESAS Prototypeはさまざまな政治家や官僚の目に触れ、それがきっかけとなり、政府の中に「RESAS」というサービスが生まれた。現在では地方自治体の職員が日常的に使う政府サービスにまで育ってきている。

1-5 可視化はあくまで「手法」である

本章では、可視化がもつ価値について、具体的な事例とともに掘り下げてきた。可視化は、データから今まで持ち得なかった新たな視点を生み出し、同時に新たな事実をより多くの人にわかりやすく示す力をもっている。読者の皆さんにも、可視化という手法が、データと人をつなぐ重要な接点のひとつであることを理解してもらえたのではないかと思う。

現在では、BIツールを含め、さまざまな可視化のための仕組みが世の中に生み出され、データはより扱いやすいものとなってきている。これまでであれば、グラフを表示するためだけに専門的な知識やプログラミングの技術が必要となっていたが、今ではマウスの操作や簡単な命令のみで、指定した項目をチャートに描画することができる。

一方で、データをいかに人と近づけるかを考えると、可視化というプロセスは全体の中の一部であることを忘れてはいけない。たとえばナポレオンのロシア行軍の事例のように、提示的役割をもった可視化では、その手前に多くの実体験による気づきと、訴えかけるべき対象が明確にあって、初めてその力が発揮される。また、EDAのような探索的役割においては特に、可視化はデータの全体像を映し出すための目として機能し、専門家が次の一歩を踏み出すための足がかりとしてその力を発揮する。

「探索」と「提示」どちらの役割においても、重要なのは次の「アクション」が明確になることだ。データが全体像の中でどのような役割を担うのかを描かずに、時間と労力をかけてＢＩツールを導入したところで、「で、次に何をすればいいんだっけ?」となってしまう。いかに可視化がパワフルなツールであったとしても、人や社会との接点を正しく設計しなければその力を発揮することはできない。

次章では、この陥りやすい問題について触れていく。

第2章

データをアクションにつなげる

本章では、データ可視化において陥りがちな「結局何をしてよいのかわからない」という課題を乗り越えるべく、具体的なアクションにつながる役に立つ可視化とはどのようなものなのか、つまり、いかにしてデータから価値を生み出すのかについて示していく。

2-1
可視化は「Check」、目的は「Action」

データは時に、私たちの普段目にすることのできない社会のシステムや自然の壮大さを描き出す。データを可視化することで、画面上にアート作品のような美しい紋様を浮かび上がらせ、それを見るだけでもある種の満足感を得ることができてしまう。一方で、データをより社会に還元するようなことを目的とするのであれば、可視化の役割をより明確にする必要がある。

業務における継続的な改善方法にPDCAというものがある。品質管理の父とも言われるウィリアム・エドワーズ・デミングが提唱した「デミング・サークル」を起源とする考え方で、(14) Plan, Do, Check, Actionという循環を繰り返すことで、より高い品質のマネジメントが可能になるという考え方だ。可視化の役割として、このPDCAサイクルにおけるCheckをより確度の高いものとすることが挙げられる。

アクションにもさまざまな種類がある

二〇一四年に始まったRESAS Protptypeプロジェクトにおいても、一年目を迎えようとしたところで「結局見た人が何をしてよいのかわからない」という根本的な課題が会議において何度も話題に上がり始めていた。いかに現状をわかりやすく地図上に描画したところで、そこから次の具体的なアクションを導き出すのが難しかったためだ。たとえば、市長が周辺地域とのお金の流れが滞っているのを確認できたとして、結局その滞りが改善するために誰に何をお願いすればいいのかがわからなければ、可視化が「役に立った」とは言えない。これはRESASに限らず可視化全般に対して問われる課題で、特にデータを用いた改善が期待される領域ではなおのこと言及される。

とはいえ、一言で「アクション」といっても、天気予報をもとにした明日の予定から、環境問題に対する十年単位の施策まで、さまざまなものが考えられる。では、どんなアクションが導き出せれば役に立つ可視化と言えるのだろうか。私はこの問いに対する答えを求めて、イギリスに拠点を置くFlourishとVariableという二つの会社を訪問した。

Flourish（図17）は、ウェブブラウザ上で簡単にデータを可視化することができるプラットフォームを提供している。「Data visualization and storytelling」というタグラインにも現れているように、誰もがデータを使ってストーリーを語れるようにすることを目指してプロダクトを開発している組織だ。データをブラウザ上のシートに貼り付けるだけで、バーチャートやパイチャート、散布図や地図といったさまざまな表現の種類に加え、ダイナミックなアニメーションを簡単につけることができる。特に、複数の異なるグラフの間をアニメーションでつなぐような表現は、普段データに馴染みのない人にとっても、第一印象が「面白い」と思えるようなものにしてくれる。

私は、彼らが可視化によって生み出そうとしているアクションが何なのか非常に興味があったので、ストレートに問いかけてみた。すると、「私たちがやろうとしていることは、プレゼンテーションに焦点を当てることだ」という答えが返ってきた。人々がデータをもとにしたプレゼンテーションを行うこと自体が、彼らにとって可視化が生み出すアクションであったのだ。これは、第一章で挙げた「探索」と「提示」のうち、「提示」という役割に主眼をおいた、非常に切れ味の良い回答であったと思う。

二社目に訪問したVariable（図18）は、ホームページを見るかぎり非常に美しいグラフィックが並んでいることからも、よりプレゼンテーションに特化した思想をもっているのかと思っていた。しかし、実際に会って話をしてみると、彼らは「データがどう社会を変えうるか」といった部分にフォーカスしていた。

私は彼らにも、可視化が生み出すアクションについて問いかけてみた。すると、少し苦い顔をしながら「私たちは、クライアントのためにデータを可視化したいわけではなく、データの性質を理解してもらうためのガイドや教育を行っていきたいんだ」と答えてくれた。どんなにテクノロジーが優れていても、使い手がデータを理解できなければ価値のあるアクションを生むことができない。だからこそ、教育までを含めて、可視化システムの開発に向かい合っているという返答であった。

筆者も同様であるが、大企業でのデータ活用事例はメインビジネスに関わるため一般には公開できないものが多く、彼らもインスタレーションやサイネージといった事例しか公開できないという事情を抱えていた。彼らが普段携わっている仕事について支障がない範囲で共有してもらったが、実用的な可視化システムの開発が多く、まさにPDCAのCheckを力強く支えるようなものであった。彼らの大切にしている「ユーザーのデータへの理解を重んじること」に対して強く共感したのを覚えている。

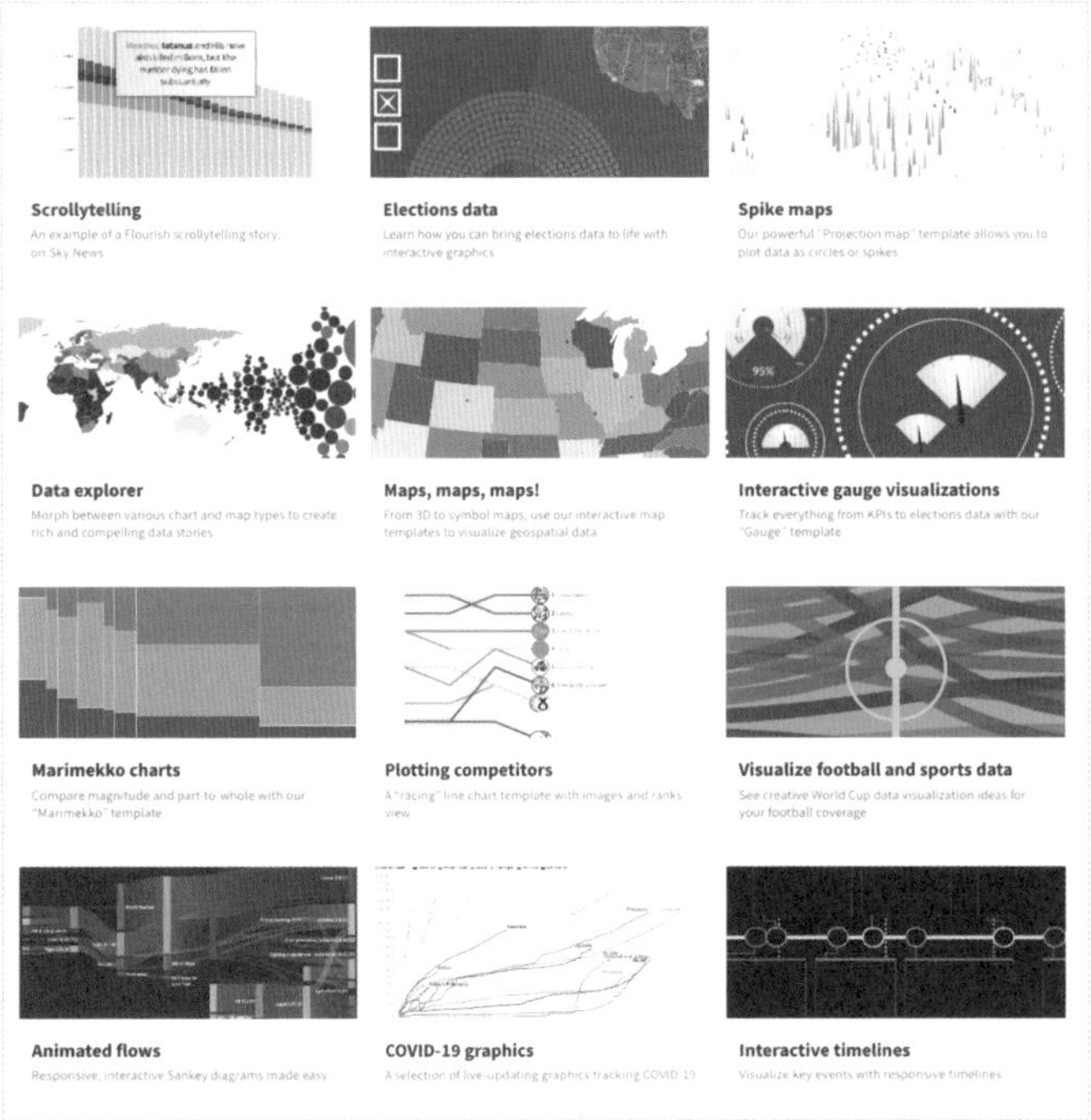

図17　Flourish（https://flourish.studio/）

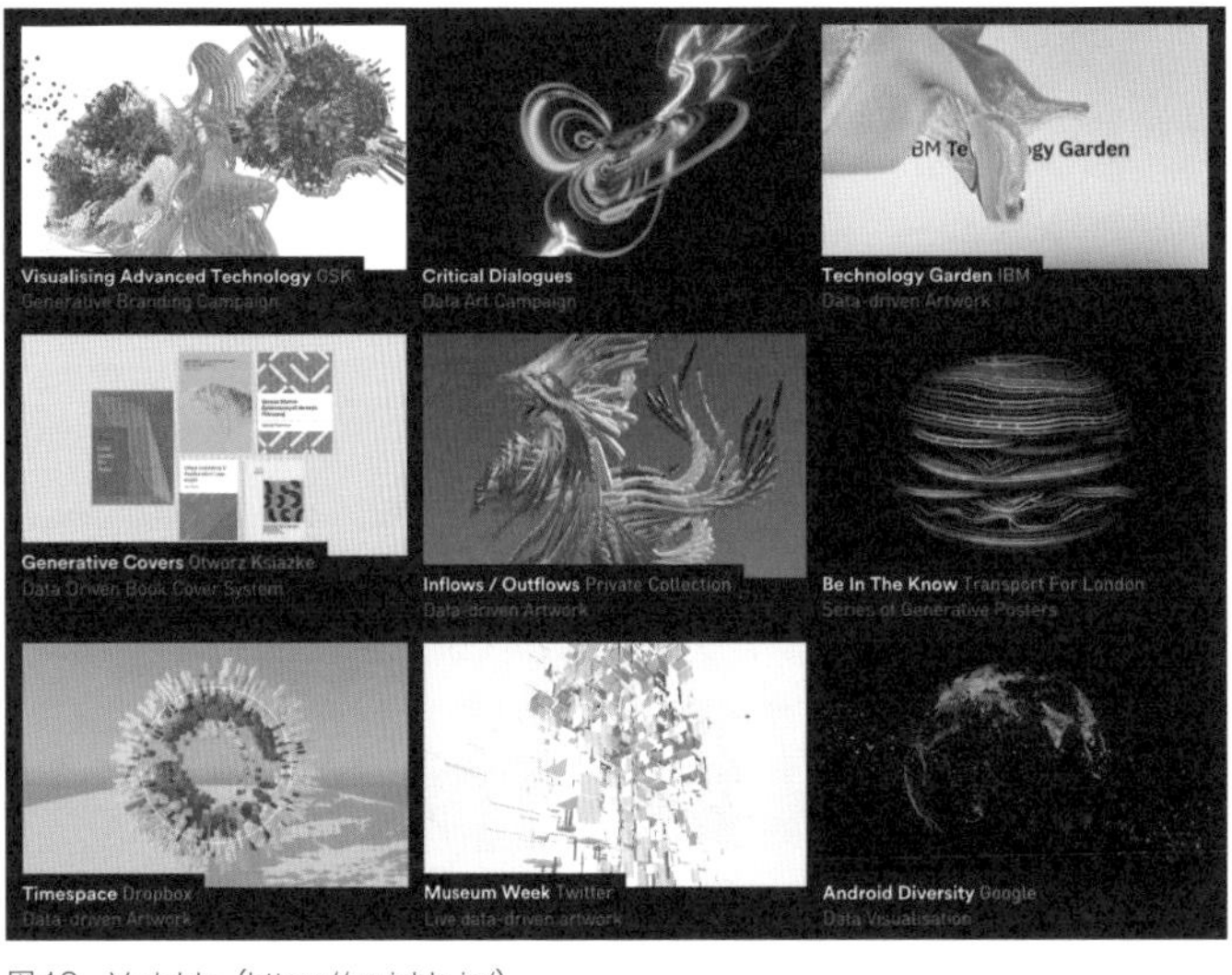

図18　Variable（https://variable.io/）

Check と Action の逆転現象

他方で、不思議な話に聞こえるかもしれないが、Action が決まってからデータを Check に活用するという流れが生まれてしまうことがある。仮説を立てて、データから確認するというプロセスではなく、あくまでも先に Action が決まり、その説明にデータを用いるという流れだ。

二〇一三年頃、私は自ら構築したデータ可視化のためのシステムを、いくつかの会社に売り込んでいたことがある。さまざまな意見や要望が集まるなかで、当時意外だったものに「このシステムは、たとえばA社の優位点や強みを示すのに使えたりしますか？」というものがあった。こういった意見はコンサルティングファームに多く、データを用いて優位性を示したいという要望であった。

データは世論誘導力が高い一方で、匿名性の維持や集計の複雑さのために、収集から提示までの経過がブラックボックス化する傾向にある。そのため、特定のバイアスをもってデータを集計したとしても、専門家以外が結果のグラフだけを見てそれに気づくことは非常に難しい。これは倫理観の問題でもあるが、偏向報道に対する議論と同様に線引きが難しいため、本書ではあくまで「Check と Action の逆転現象」として紹介しておきたい。

Column

データは悪意をもって加工すれば簡単に歪んだ結果を得ることができてしまうが、たとえ悪意をもっていなかったとしても、データの見せ方によっては簡単に異なる結果に導くことができてしまうため、細心の注意を払う必要がある。

たとえば、各社の売り上げ（図19左）を地図上にプロット（図19右）する場面を想像してほしい。左のグラフのように、売り上げ上位1〜2社の数値が飛び抜けて大きい場合、そのままプロットするとバブルのサイズに差がつきすぎてしまうため、地図上には上位数社のみが存在するように見えてしまう。そのため、多くの場合右のように、バブルの最低サイズを決めたり対数で表示をしたりする。しかし右のプロットだけを見せられた場合、多くの人はA社のみが飛び抜けて高い売り上げをもっているという事実を感じることができないだろう（ちなみにGoogle Spread Sheetでは、自動的に右図のようにバブルの最低サイズが設定される）。

他にも、図20左のように、実際はあまり売り上げに差がない各社の違いをわかりやすくしようとして、グラフ表示の最小値を設定した結果、図20右のように大き

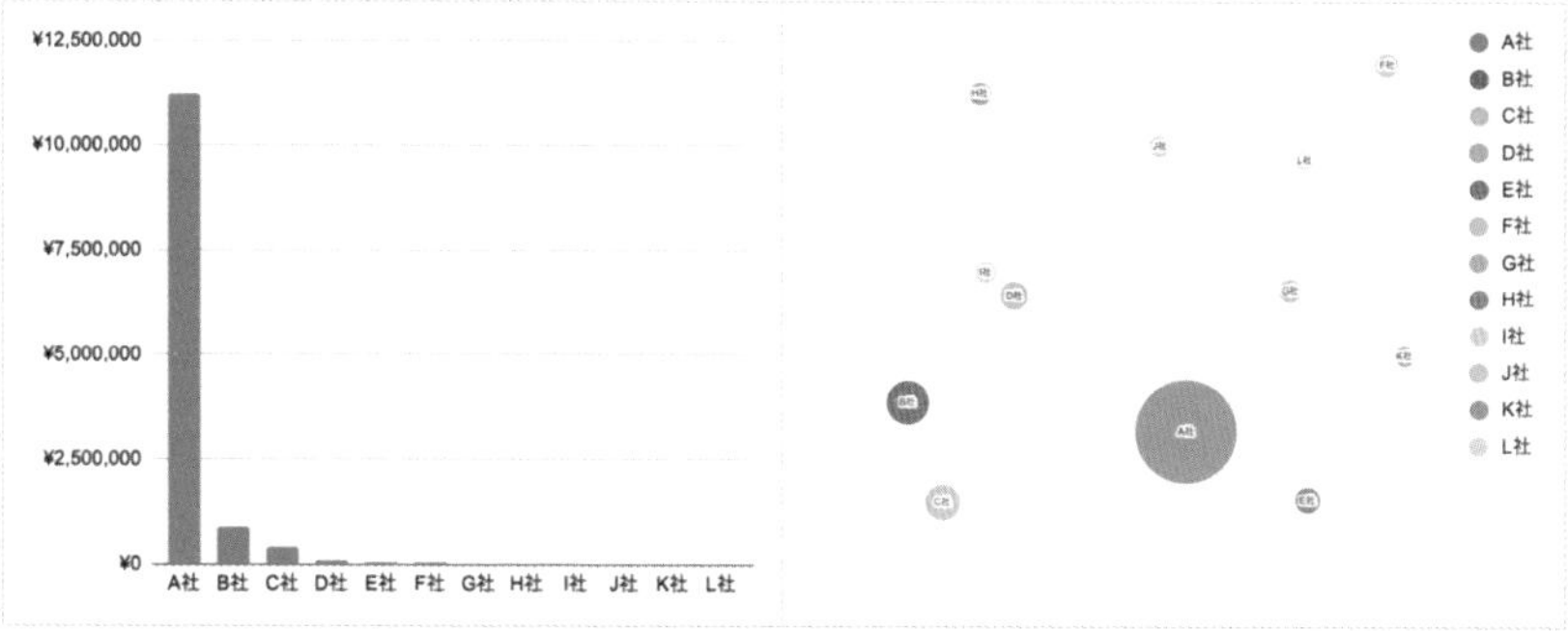

図19　各社の売り上げを棒グラフで表示したもの　　左のデータを地図上にプロットしたイメージ

な差がついているように見えてしまうこともあるので、注意が必要だ。

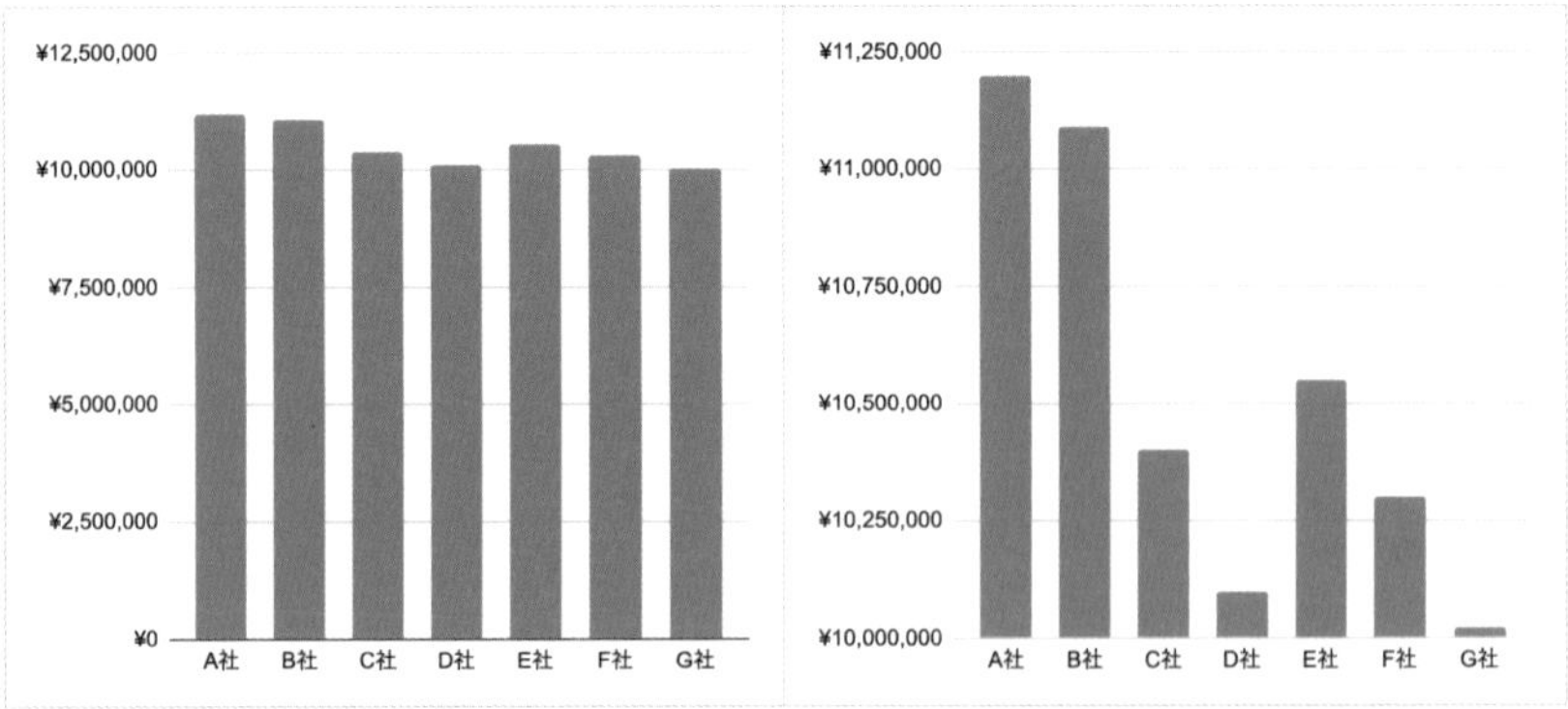

図20　各社の売り上げを棒グラフで表示したもの　　グラフ表示の最小値を設定したもの

2-2 具体的なアクションへの道

どんなアクションを導き出すことができれば役に立つ可視化と言えるのかの話に戻ろう。FlourishやVariableで紹介したように、データを活用したアクションにはさまざまな種類が存在するが、多くの場合、企業がデータから価値を生み出そうとした場合のアクションは、「火曜日にDMを送る」といったレベルで具体的に次の一手がわかることが望ましい。データから的確なアクションを導き出すことを目指すとすると、データはPDCAにおけるCheckの役割において力を発揮する。特に、目に見えない動きや把握しきれない膨大な量の情報を前に、より確度の高い一手を導き出すためのツールとなることができれば、可視化が「役に立った」と言えるだろう。

ビッグデータが取り沙汰された時期、さまざまな企業がデータの収集にあたったが、データを価値につなげることができた企業はほんの一握りであった。膨大な量のデータがストレージを圧迫し続けるなか、データ自体の販売はプライバシーの観点から敬遠された。結果、データを価値につなげるためのアクションを各社が模索するようになっている。では、「データを価値につなげる」というのはどういうことなのか。シンプルな回答としては、「自分たちにとって最も大切な数値を最大化するための方法を見つける」ことだ。たとえば営利企業にとっては、多くの場合売り上げであり、顧客単価や来客数を最大化するために何をすればよいかを導き出すこと。もちろんサービスに対する満足度が最も重要である場合は、アンケート結果の満足度の数値を最大化するための方法を見つけ出す必要がある。

「結局何をしてよいのかわからない」という課題を投げかけられたRESASプロジェクトであったが、その後アクションにつなげるための手法を統計家で友人でもある西内啓氏と共に模索した。結果、いくつかの分析結果を基にした、マップ上への可視化ツールが生まれたので、ここではそのうちの一つである「潜在サービスニーズマップ」を紹介したい。

潜在サービスニーズマップ：統計学的アプローチ

RESAS Prototypeの「潜在サービスニーズマップ」（図21）では、サービスを提供する事業者に対して、来店客数を最大化するために最適なエリアを示すことで、出店場所の検討という具体的なアクションを導き出すことを目指している。たとえばカフェを出店しようと考えた場合、500メートルメッシュ内に何人いれば何店舗のカフェが存在可能かを日本全国の平均から求める。すると、出店予定地域のうちどこのエリアがいわゆるブルーオーシャンで、何店舗程度不足しているのかが浮かび上がる。

画像では、東京エリアの［酒場、ビヤホール］のサービスニーズが示されているが、赤がサービスが過多のエリア、青がサービスが不足しているエリアを示している。マウスカーソルをヒートマップに重ねると、そのエリアにおいて具体的に何店舗過多／不足しているのかを見ることができる。

この結果を見ると、真っ赤なレッドオーシャンの真横にブルーオーシャンが広がっているような様

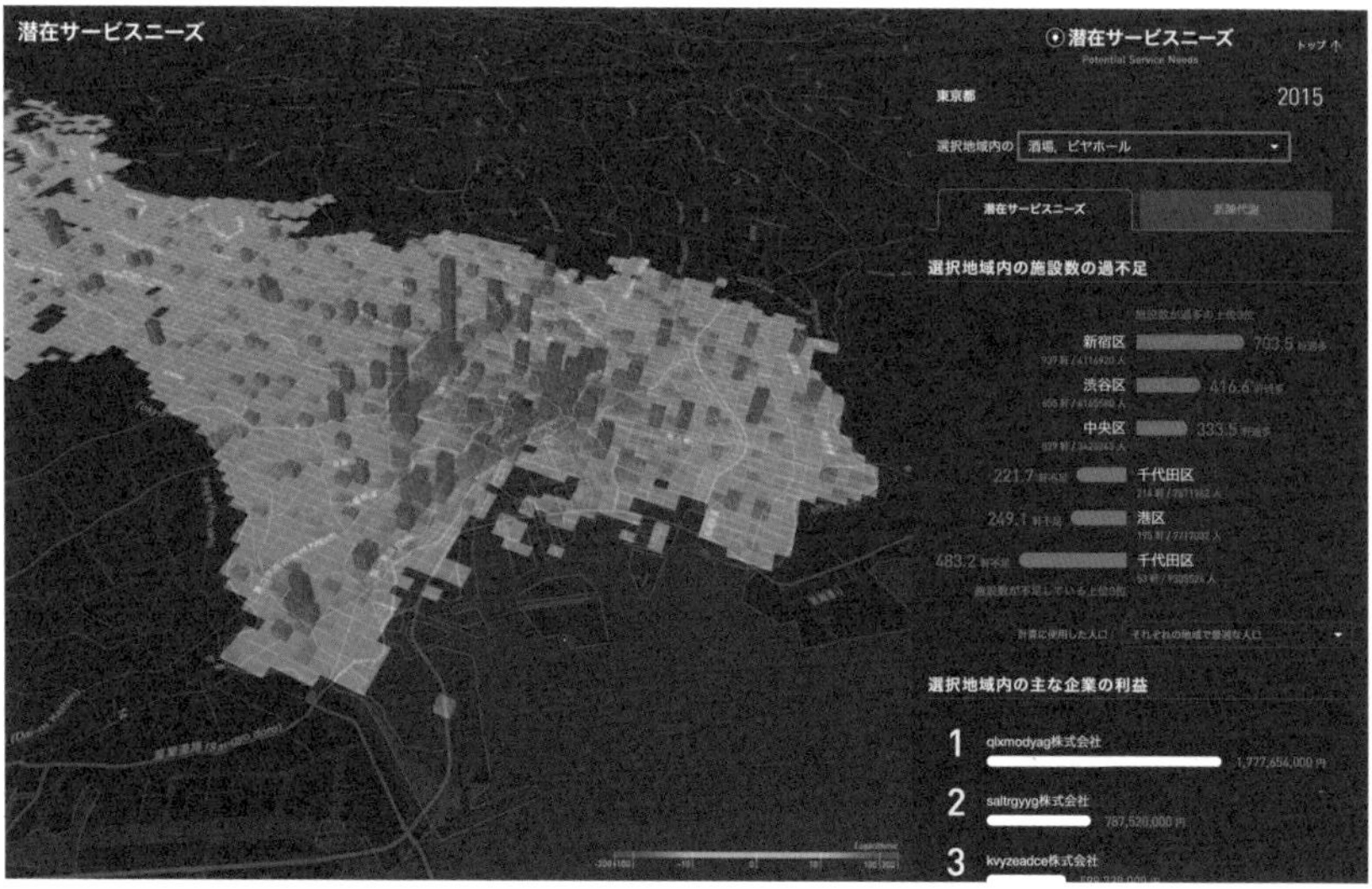

図21　RESAS Prototype：潜在サービスニーズマップ

子が見て取れる。［蕎麦屋］のブルーオーシャン地域で働いている人に話を聞いてみると、「あぁ、たしかに蕎麦屋を探したけど見つからなかった」という反応が返ってくることからも、ある程度体感と近いマップになっていることがわかった。

この分析には、日本全国の携帯電話のGPS情報、および国勢調査をもとにした滞在人口と、電話帳データをもとにした各種サービス業の店舗数を500メートルメッシュごとに集計したものを用いている。滞在人口は、サービスの特性によって、たとえば飲み屋であれば一時滞在に近いGPSの情報を、病院などは自宅滞在に近い国勢調査の情報を、自動的に割り当てるようになっている。

RESASは政府の提供する地域経済の分析システムであり、多くの中小企業がより良い機会を得られるようにすることを目指したものだ。そのため、幅広い業種で共通して大切な数値となる滞在人口にスポットを当てたが、一般的な営利企業の場合であれば、地域ごとの売り上げなどさらに具体的な数値を用いることでよりアクションにつながりやすいシステムが構築できるだろう。

dataDiver：拡張アナリティクスツールの導入

RESASのような可視化とは別の、具体的なアクションにつなげるためのアプローチをひとつ紹介する。私は二〇一四年からRESAS Prototypeの開発と並行して、西内氏と共にデータ分析システムdataDiverの開発を行った（図22）。dataDiverは「拡張アナリティクスツール」と呼ばれる種類のシステムで、データ分析の専門家ではない経営者や現場の人々にでも高度な統計解析をすることができるものだ（拡張アナリティクスについては4－3で詳述する）。分析においてはデータの整備が8割の時間を占めると言われているなか、それらを自動化し、経営課題を入力するだけで、膨大な量の情報から統計学的に重要な要素だけを抽出することができる。

たとえば、自社の会員ごとの売り上げ（POS）データを準備し、「顧客ごとに見た売り上げの合計額が低いことが課題」と入力すると、課題と関連のありそうな情報を提示する。他にも、「年齢が1増えるごとに、総購買金額は595.23円ずつ大きくなる傾向にあります」といった具合に、年齢が課題と密接に関わっていることを示唆したりもする。また、DMの発送履歴などもデータとして準備しておけば、「DMの送付日時が7月に1通送られるごとに売り上げの合計は12,520円高い傾向にあります」のような結果が提示され、「7月により多くのDMを発送するほうがよい」という仮説に直接

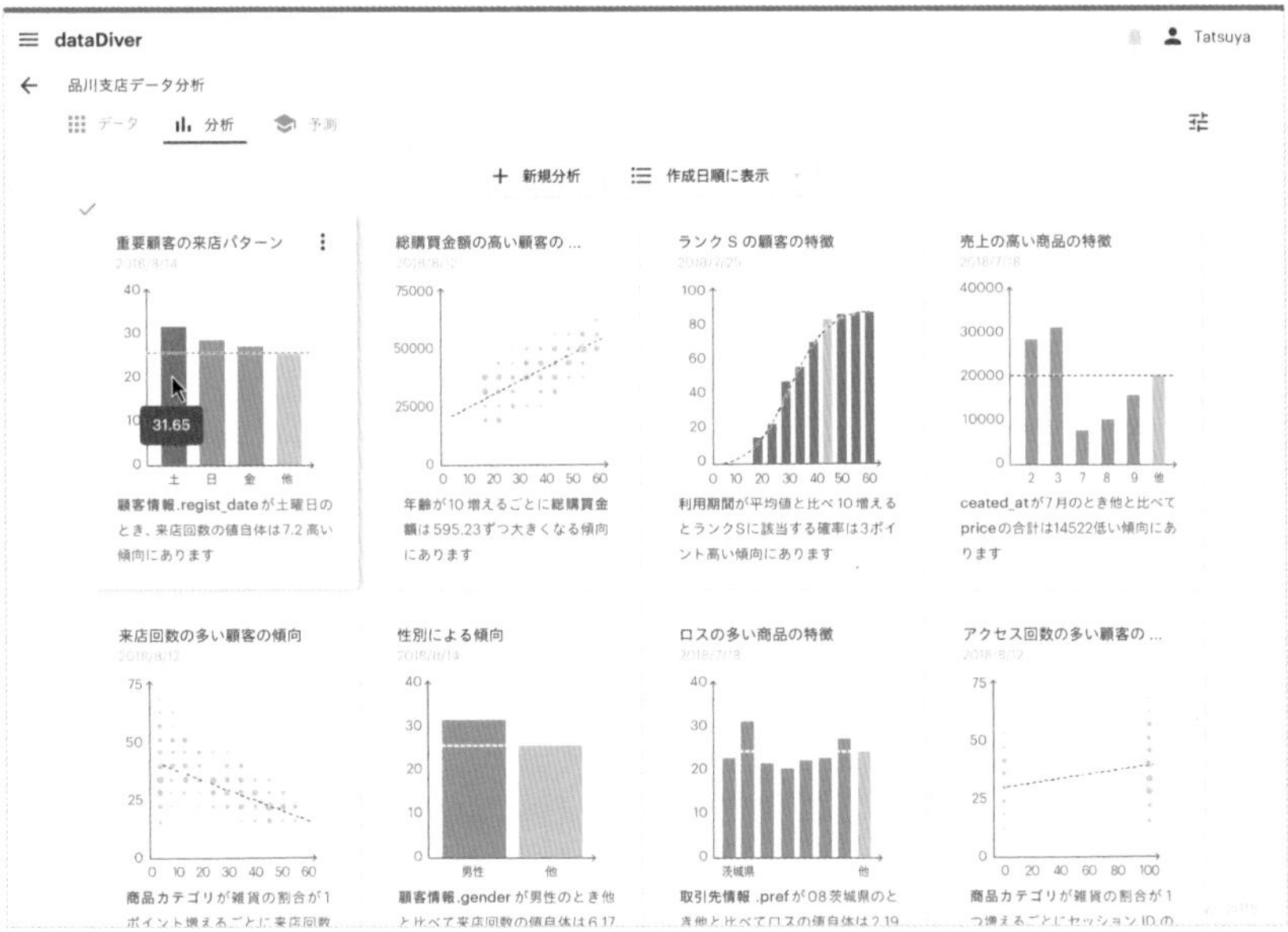

図22　dataDiverの画面

つなげることができる。

さきほど、データをアクションにつなげるためには、出店場所や、不足している店舗数のような、具体的な示唆が必要であることに触れたが、dataDiverはまさに課題に対して直接アプローチするために必要な情報を提供する。データに含まれるさまざまな情報のなかでも、「自分たちにとって最大化したい、または最小化したい値」は、統計学において「目的変数」と呼ばれる。その他、顧客の年齢、性別、購買日時など、結果に影響を及ぼすと考えられる値を「説明変数」と呼ぶ。この目的変数の値を上げるために、相関する説明変数を見つけ出すことで、そこに対するアクションの仮説を導き出すことが可能となる。気づかれた方も多いかと思うが、RESASの「潜在サービスニーズマップ」も、似たような統計学的アプローチでアクションにつなげることを試みている。

Column

「相関関係」という言葉があるが、しばしば「因果関係」と混同されているのを目にする。広辞苑を見ると、相関関係は「一方が他方との関係を離れては意味をなさないようなものの間の関係」とされている。つまり「一方が大きい時には他方も大きいとか、逆に小さいといった関係」を相関関係と呼ぶ。それに対し、因果関係は「原因とそれによって生ずる結果との関係」とされている。つまり「一方が大きくなることによって他方も大きくなるとか、逆に小さくなる」といった状態を指す。

皆さんは「東大生の2人に1人はピアノを習っていた」という話を聞いたことがあるだろうか？　二〇二一年の調査では実に45％もの東大生が幼少期にピアノを習っている。[15] 全体平均では13％程度といわれているのと比較すると3倍近くあり、一見何かしらの関係がありそうに見える。このように、一方の条件に当てはまる場合に他方に当てはまる割合も高いというのも一種の相関関係である。

では、これを「因果関係」といってよいのかを考えてみると、その違いがわかりやすいのではないだろうか。「ピアノを習うということが原因で、何かしら認知機能の発達が促されてその結果東大に受かりやすくなる」のであれば因果関係と言えるが、そうしたメカニズムが存在せず、単に「ピアノを習いがちな子どもは東大にも受かりがち」ということであればただの相関関係である。たとえば、両者に共通した特徴として「親の年収」という条件が考えられるかもしれない。親の年収が高いとピアノを習いがちで、親の年収が高いとたくさん教育費をかけられて東大に受かりがち、というメカニズムの方が正しいのであれば、ピアノのレッスン経験と東大合格の間には因果関係はなく、ただの相関関係であるということになる（図23）。

既存データ分析の結果は特別に因果関係を見つけるような工夫をしないかぎり、あくまで相関関係であることに注意してほしい。「送付日時が7月のDMが多いほど売り上げが高い」という結果が出たとしても、実際は毎年7月に一部店舗でセールを実施しているだけの可能性もある。だからこそ、分析結果は状況を把握している人が見たうえで正しく判断する必要がある。「子どもを塾などにも行かせず、とにかくピアノのレッスンだけをがんばらせたからといって東大に受かるわけではないのと同様、とにかく7月にDMを送りさえすれば売上が高まるわけでもないのだ。

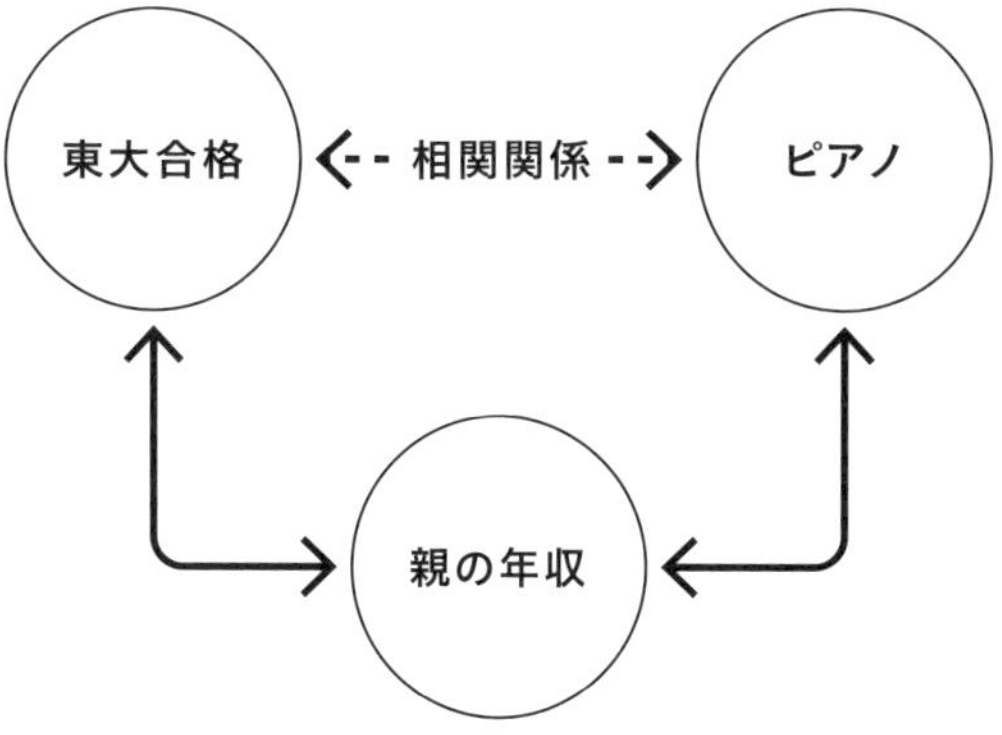

図23　相関関係

データ活用における「探索」と「提示」

データを細かく調べることを、多くの人は「データ分析」、もしくはそれに類する言葉で表現するのではないだろうか。一方で、「データ分析」という言葉はとても広い意味で用いられているため、人によって異なる行為を指していることがある。データ分析の広告を目にする機会も増えていることから、「データを調べる」という雰囲気だけで捉えている人も少なくないだろう。そのため、さまざまなツールが「データ分析ツール」に分類されてしまい、ツールごとの特性が見えづらくなってしまっている。

本書では、データの数値を寄せ集めて合計したり平均をとったりする行為を「集計」と呼び、データを要素や成分ごとに分け、その構造や因果関係を探る行為を「分析」と呼ぶことにしたい。たとえば購買履歴のデータを寄せ集め、日ごとに足し上げてグラフで表示する行為は「集計」にあたり、dataDiverで紹介したような顧客ごとの売り上げと相関の高い要素を探る行為が「分析」にあたる。

では、なぜここで「集計」と「分析」を改めて分類したのか。それは、「集計」だけではデータから新たな気づきを得てアクションにつなげることが難しいからだ。たとえば、手持ちの購買データから何か気づきを得たい時、「今月の売り上げは1540万円で、先月より3％上昇しました」と集計結果を示されたとして、次にいったい何をすればよいのか悩むのではないだろうか。そんなとき、分析結果とともに「今月の売り上げは1540万円で、ＤＭを火曜日に発送した顧客はそうでない顧客と比べて売り上げが16・5万円高い傾向にあります」と示されれば、次の一手を検討しやすいだろう。

ここで一度、前章で挙げた「探索」と「提示」について思い出してもらいたい。前章では可視化の分類として両者を挙げたが、データの分析と集計においても同じ分類ができる。たとえばすでに明確な課題があり、その改善施策を打っている最中であれば、「集計」の結果を毎日「提示」されるだけで、施策の状態や今後のアクションを検討できるだろう。スコット・ベリナートによる分類（図4）で「提示」側の具体例に挙げられていた「Everyday Data-vis」、いわゆる「データダッシュボード」が効果を発揮する状態だ。一方で、「手元にデータがあるので何かに活用したい」という場合は、「分析」が効果を発揮する「探索」にあたる。それこそ、売り上げを上げるためには何をすればよいかといった具体的アクションを、データから探索的に見つけ出すのである。

ＢＩツールを導入したものの「うまくデータを活用できなかった」という悩みをよく耳にするが、ＢＩツールは「集計」と「提示」を基本としている。もちろん異なる変数を自分で選択し、その相関関係を見ることもできるため「分析ツール」と呼ぶこともできるが、ここでいう「探索」をするようなツールとしては作られていないことが多い。ＢＩツールを活用できなかったという悩みの多くは、データから新たな気づきを「探索」したかったにもかかわらず、「集計」や「提示」を得意としたツールを導入した結果であり、道具の選び間違いである。これは、「分析」という言葉が広義に使われているために起きた混乱だろう。

2-3

統計的手法と可視化の融合

前章でも触れたが、「探索」と「提示」の両立という意味ではBIツールが近い立ち位置にある。複数の異なるデータを紐付け、簡単な操作でテーブル上にマッシュアップ結果を表示することができるが、先にも述べたとおり、ここでいう「探索」をするような複雑な計算をするのには適していない。そういう意味では、SASやSPSSといった、専門家が研究分野で統計解析や予測分析をするためのツールが、データの特徴量や相関を調べるような「探索」を得意としている。さらにVisual Analytics機能の充実により、「提示」的役割も担えるようになってきている。しかしながら専門家のためのツールとして作られているため、多くの人が気軽に使うようなシステムではない。そのため、RESASプロジェクトの「潜在サービスニーズマップ」で実現したような、複雑な分析をしながらも多くの人々がデータから気づきを得られるようなツールを生み出すことが、筆者らの当面の目標となった。

WAVEBASE

統計的手法と可視化を効果的に融合する試みのひとつとして、筆者が二〇二〇年からUI／UXの設計で携わってきたWAVEBASEプロジェクトを紹介しようと思う。WAVEBASEは、トヨタ自動車

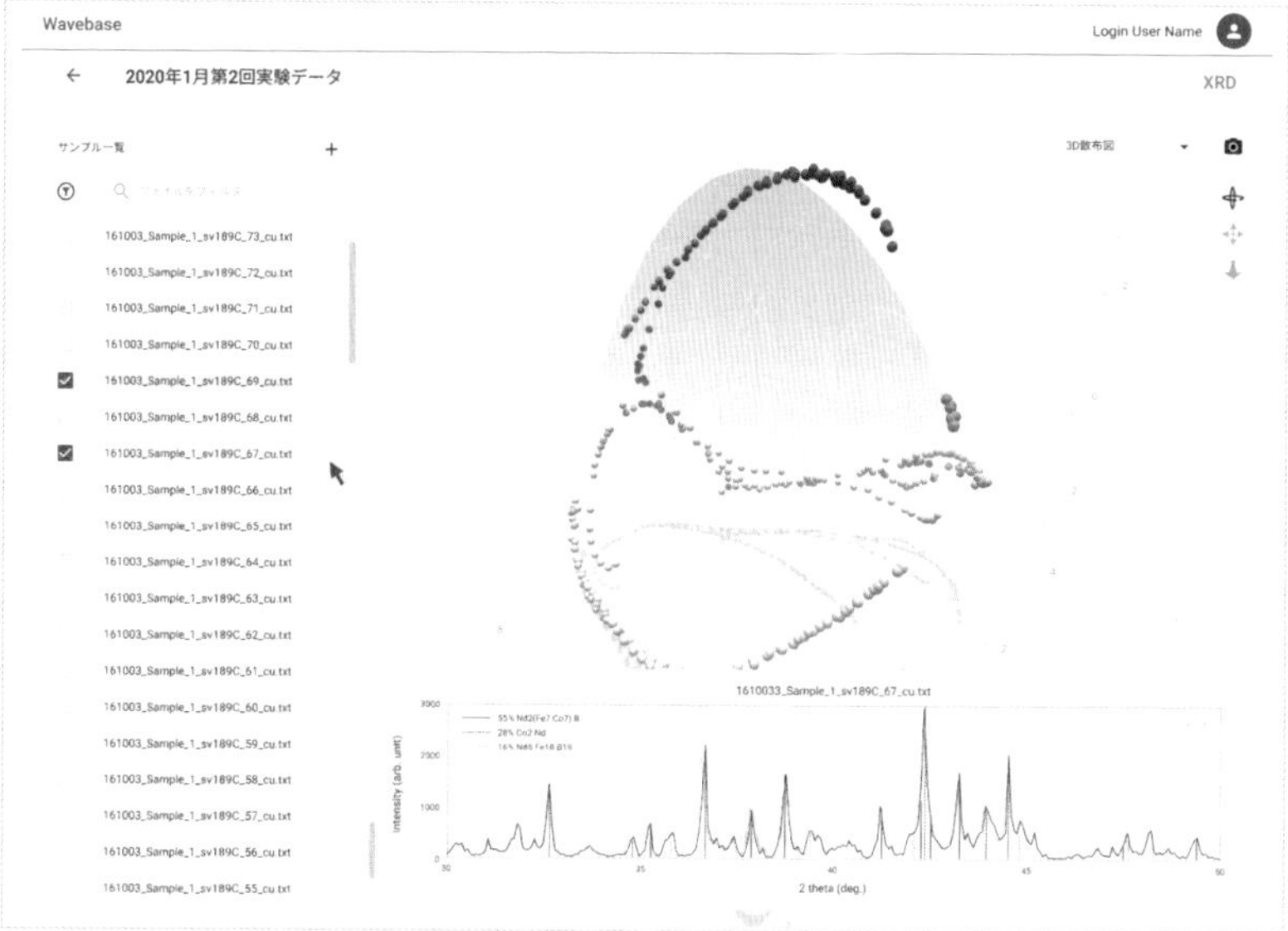

図24　WAVEBASE：特徴量空間可視化のプロトタイプ

が多種多様な高品質素材を扱う自動車開発のなかで培ったノウハウを詰め込んだ、素材分析のためのサービスだ。素材の実験データを管理・分析・可視化ができるＭＩ（Materials Informatics）のためのプラットフォームで、「探索」的な役割が大きい。WAVEBASEは材料開発やデータ解析に詳しくない方も利用者として想定していることから、専門的でありながらも、直感的に理解しやすいインタフェースやグラフ表現といった「提示」的要素の融合を試みた（図24）。

筆者はWAVEBASEのＵＩデザインは勿論のこと、分析フローのＵＸ設計や、データベースの構造検討、可視化部分のプロトタイピングまで幅広く携わっているが、このサービスは、まさにＰＤＣＡのCheckからActionまでを一気通貫で、強力にサポートするようにデザインされている（図25）。まずは実験の結果得られたデータを取り込み、束ねて分析・可視化することで、実験に用いた素材がどのような特性分布になっているのかを視覚的に把握できるよう

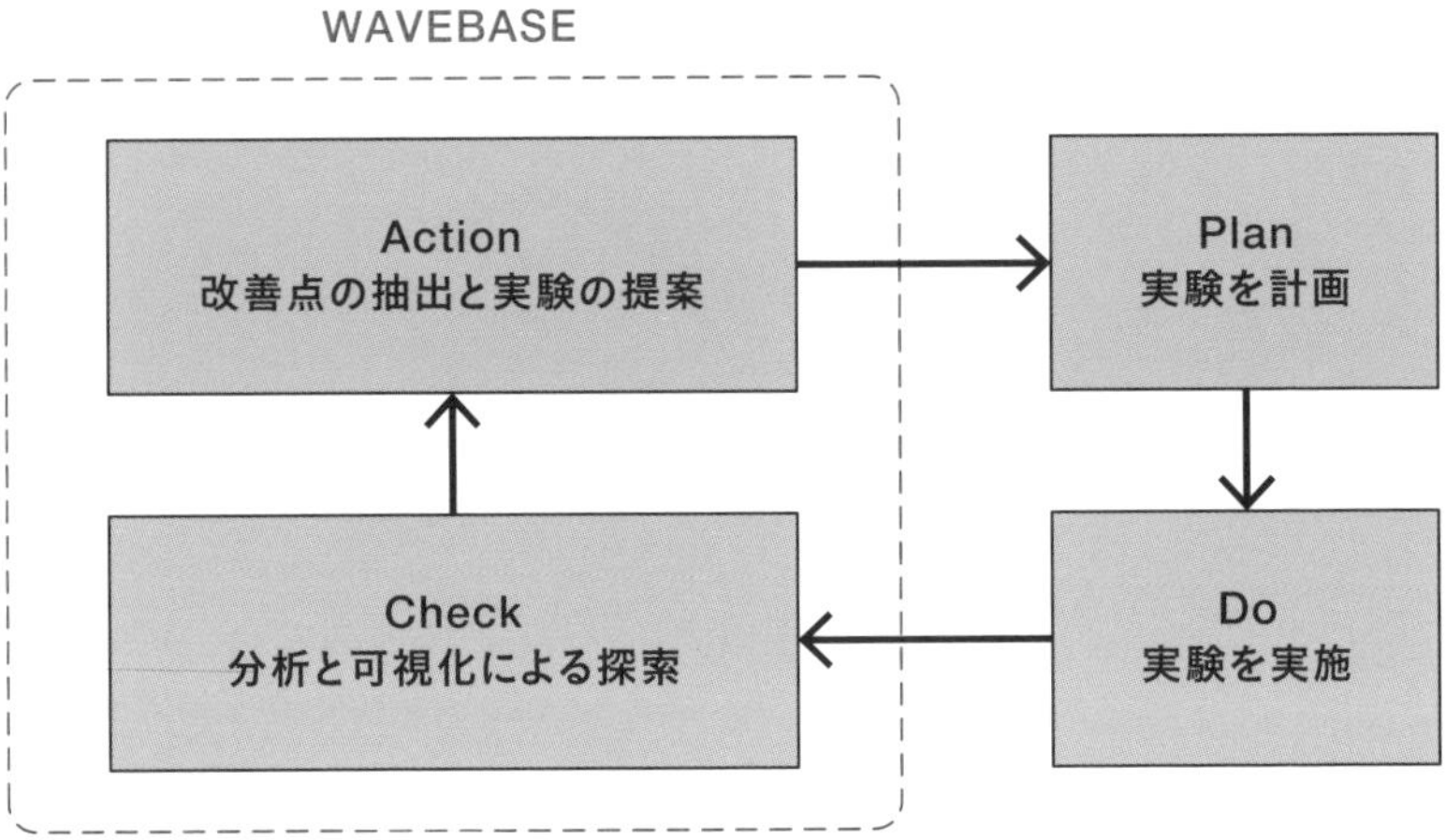

図25　WAVEBASEの生み出すPDCAサイクル

にする。たとえば、図24の三次元のプロットは、測定条件（温度や時間など）を種々変化させながら取得した計測波形を複数含むデータセットを特徴量化（主成分分析）したもので、特徴量空間の中に配置された点は1回の計測を示しており、計測ごとに波形の特徴量が次第に変化している様子が見て取れる。このデータは温度を変化させながら計測を繰り返していることから、温度の変化が素材の特性に何らかの変化をもたらしていることを視覚的に確認することができる。これは、分析と可視化の融合がCheckの役割を大きく担っていると言える。

次に、分析の結果から得られた気づき（Check）から、具体的なアクション（Action）へと導く必要がある。可視化されたプロットの裏にはそれぞれ実験に用いたサンプルの配合比率や実際の性能値などのデータがあるため、取り出した特徴量を使って、材料の特性を回帰するモデルを作成することができる。これにより、実際に配合して計測しなくとも、結果をシミュレーションすることが可能になる。さらには、目標とする素材の性能値を「目的変数」として設定し、性能値を最大化するための実験を具体的なアクション（Action）として提案することで、

ＰＤＣＡのサイクルを一巡させることができるのだ。このＰＤＣＡプロセスを直感的で理解しやすいＵＩ／ＵＸとしてデザインすることは、専門家の分析効率を向上させるだけでなく、素材データ活用（ＭＩ）へのハードルを下げ、より多くの人に素材開発の裾野を広げることにつながる。このように、WAVEBASEは実験結果の確認だけでなく、最終的な価値を生み出すための具体的なアクションの導出までを、分析と可視化の融合により実現していると言える。

Column

ＭＩ（Materials Informatics）は、材料開発の分野でＡＩや情報科学の手法を応用し、材料開発の効率を高めたり、無限とも言える組み合わせの中から新素材の候補を発見したりする手法だ。従来の材料開発では、新素材が製品化に至るまでおよそ十～二十年の歳月を要するところ、過去の実験データやシミュレーションを用いて探索することで、探索期間を大幅に短縮する。過去の材料研究では、基本的に経験と勘を頼りに新たな材料の合成と実験を繰り返し、その特性を調べることで開発を進めていたが、ＭＩを導入することで、開発期間の短縮だけではなく、人間では考えつかないような組み合わせの発見にもつながることが期待されている。

GeoDiver

WAVEBASEは、ある程度の専門性を持った利用者を想定したツールであったが、もう少し幅広い利用者をアクションに導くことを目指して設計したツール「GeoDiver」も具体例として紹介しようと思う。GeoDiverは、先に紹介したdataDiverをベースに、地図上への可視化と連動することで統計的手法と可視化の融合した姿だと言える。

RESASプロジェクトでは、単位空間あたりの人口と、店舗数という複数のデータを用いて分析を行い、次のアクションにつなげるための「潜在サービスニーズマップ」を制作した。このように、複数のデータを重ね合わせることをデータの「マッシュアップ」と呼ぶ。もちろん人口のデータだけでも地図上にヒートマップとして可視化することで、時間ごとの人口密集地や、イベントによる人口の変化といった、何かしらの気づきは得られるだろう。一方で、人口と店舗数のデータをマッシュアップすることで、「店舗が存在するのに必要な人数」のような、個々のデータセットからは見えてこない情報が生み出される。あくまで相関関係が見えるだけではあるが、それでもデータを「探索」したうえで、次のアクション仮説を立てるためには十分な足がかりとはなる。

GeoDiverにおいても、同じように携帯電話等のＧＰＳ情報と、施設やランドマークといったＰＯＩ（Point of Interest）の情報をマッシュアップすることで、アクションへと導くことを目指している。想定されるユーザーは、自社の保有する観光施設でインバウンド施策を立てる立場にあり、どのようにすれば来場者数が増えるのかを考える必要がある。GeoDiverには、携帯電話のＧＰＳ情報をもと

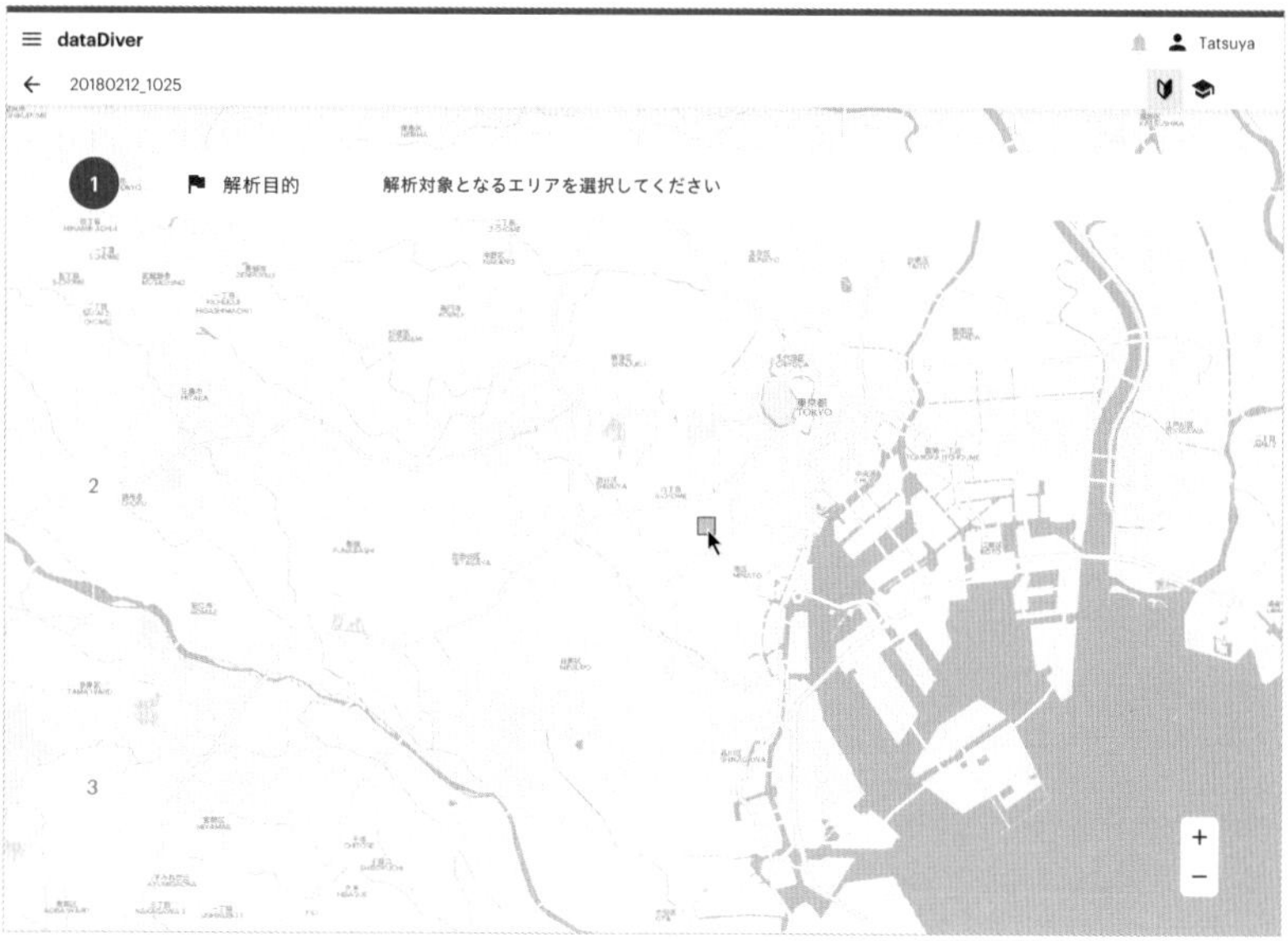

図26　GeoDiver：知りたいエリアをクリック

にした訪日観光客の移動データと、施設やランドマークといったＰＯＩ（Point of Interest）のデータがエンジニアによって事前に登録されており、想定ユーザーはすぐに分析を開始できるようになっている。

GeoDiverは、まず地図で知りたいエリアをクリックするところから始まる（図26）。RESAS Prototypeでもそうであったが、地図をベースとした可視化は、それだけで多くの人にとって馴染みやすいツールになりうる。特に最初の一歩が、知りたい場所をクリックするだけであれば、ＰＣを普段から触っている人の多くが躓くことなく次のステップへと問題なく進めることが多い。

エリアを選択すると、選択したエリアに来た人と来ていない人の違いが一覧で表示される（図27）。たとえばこの結果では、英語を使う観光客が、中国語を使う観光客よりも来訪件数が多い傾向にあるため、選択したエリアでは案内やメニューと言った表

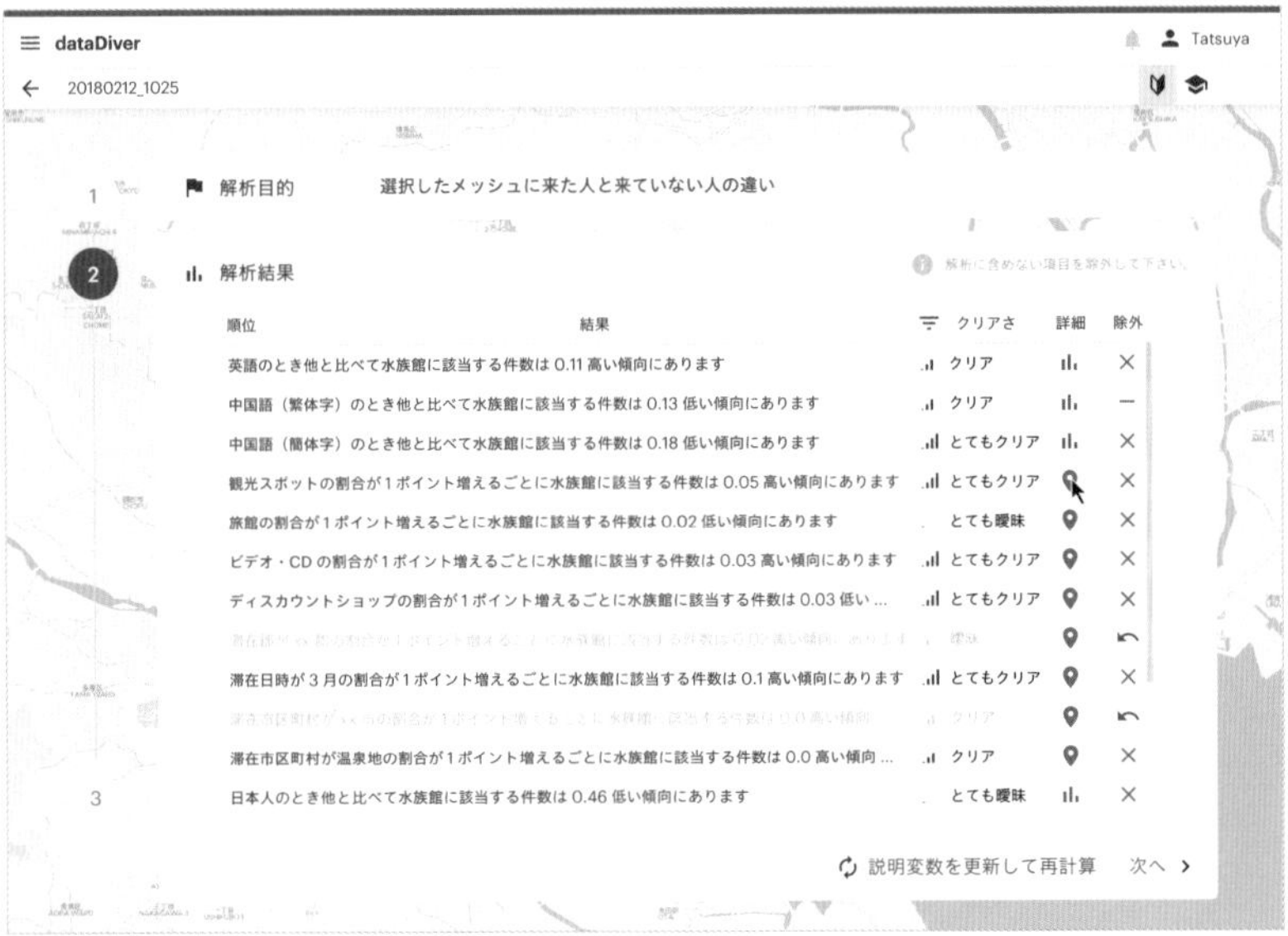

図27　GeoDiver：選択したエリアの分析結果画面

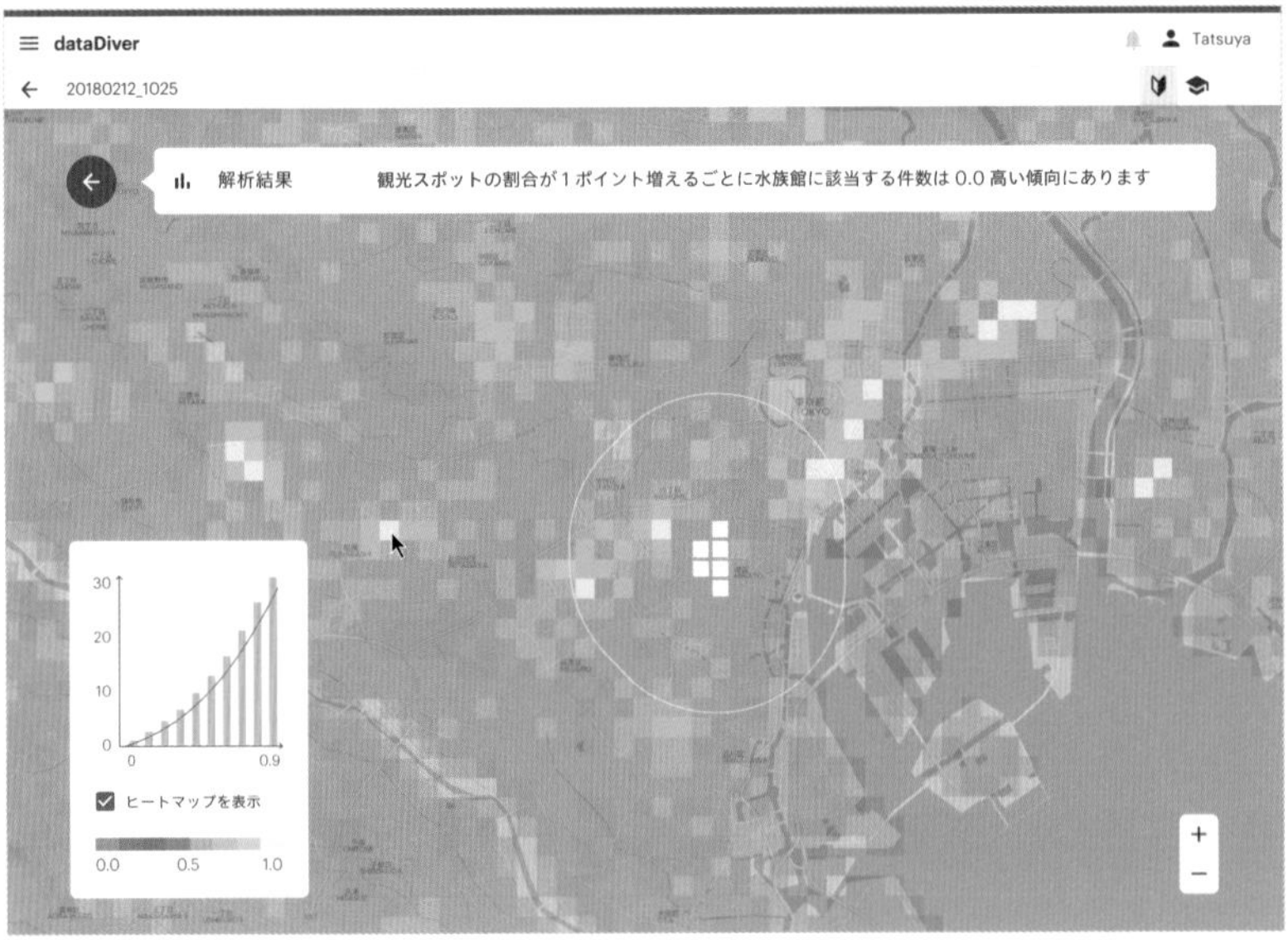

図28　GeoDiver：分析結果のヒートマップ表示

記は英語をベースとしたほうがよいことがわかる。

分析対象のエリアに来ている人と来ていない人の違いに「観光スポット」があるので、詳細表示をクリックすると、似たような特徴のあるエリアがヒートマップで表示される（図28）。この結果は、対象エリアに来た人の訪問したＰＯＩの傾向を基に「似た傾向を持つ場所」＝「潜在顧客が居る場所」を示しているので、今後積極的に集客すべき場所が示されていることになる。このように、「傾向」として分析結果を示すことで、個人情報が結果画面で直接扱われないことも、データをマッシュアップすることで初めて得られるメリットだろう。

このように、どうやったら観光客が来てくれるのか、という多くのサービス提供者が持つ共通の悩みに対し、「地図から知りたい場所をクリックする」というシンプルな操作で、気づきの入り口に立つことができるようにするアプローチは、筆者の目指した「多くの人がデータから気づきを得る」という目標に近づくひとつの方法であった。

Column

データを扱う際、ＧＰＳデータだけではなく、顧客の年齢や性別といった個人情報を扱わなければならないことがある。第1章の冒頭で紹介した東京の人流可視化においても、個人情報の匿名化のために、移動をベクトル場に変換していたが、他にも値にランダム値を載せたり、ＩＤをハッシュ化したり、メッシュ単位で集計したりと、さまざまな手法が存在する。これらの処理において十分な匿名化が行われているかどうかの指標の一つに「k-匿名性」と呼ばれるものがある。これは、データの実用性を残しつつ、個人が再特定されないデータを作成し、公開されたデータにおいて少なくともk-1人を区別できないようにするようなものだ。

たとえば図29の口座情報のデータを匿名化する時、住所をグループ化し、かつ年齢を平均値にすることで、個人を特定されないようになる。最後に、それでもk-1人となって個人が再特定されてしまうようなレコードは削除する必要があるが、全体の分布を掴むためには十分なデータセットとなる。メッシュ単位で人数を集計したりする場合においても、同様の考え方をもとに、メッシュで集計した結果、2人以上存在しないレコードを削除したり、さらに匿名性に配慮する場合は3人以上で削除するといった処理を行う。これは集計単位が細ければ細かいほど条件が厳しくなる。たとえば1時間単位で集計し

準識別子

名前	年齢	性別	住所	口座残高
A	33	女	神奈川	2,200
B	31	女	東京	900
C	39	男	大阪	3,500
D	36	男	京都	250
E	37	男	兵庫	6,000
F	80	女	北海道	1,500

それだけで個人を特定できる情報（識別子）は削除

匿名化

汎化（平均値）

汎化（グループ化）

齢	性別	住所	口座残高
33	女	関東	
31	女	関東	
39	男	近畿	3,500
36	男	近畿	250
37	男	近畿	6,000
~~80~~	~~女~~	~~北海道~~	~~1,500~~

レコード削除

図29　口座情報データの匿名化の例

た場合、地方はまったくレコードが存在しないような状況が生まれてしまうため、バランスを見ながら調整をする必要がある。

シンプルさと柔軟性の綱引き

GeoDiverの例では、インバウンドの施策立案を想定しているため、訪日外国人の移動データとPOIデータのマッシュアップ結果を表示している。サンプル画面で示したとおり、分析したい場所をクリックすることで、自社の施設が存在するエリアだけでなく、最寄りの駅や、競合他社のあるエリアの分析も可能だ。さらに、訪日外国人に限定せずに移動データを用いればシンプルな来訪者分析に、車の移動に限定すればロードサイドサービスの分析に用いるようなツールになりうるような自由度をもっている。

このツールは「提示」と「探索」の両立を目指しているため、このような構成をとっているが、たとえば「提示」に寄せたシステムにするのであれば、シンプルに自社の施設周辺の分析結果だけを表示した画面にするのがよいだろう。自社エリアに来てくれそうな人たちが、いったいどの国から来て、他にどこのエリアにいる可能性が高いのか、さらにはそれが時系列でどのように変化しているのか、などを表示すると、何かしらのアクションにつながる可能性が高まる。最終的には、マウスやキーボードすら必要とせず、オフィスの壁面に投影される刻一刻と変化するダッシュボード型のシステムが完成する。システムがシンプルであるほど理解しやすくもあるため、多くの人に現状の共通認識につながるという利点がある。一方で、シンプルであるがゆえに柔軟性に乏しく、分析のパラメータをカスタマイズして深堀りをするような、それこそ「探索」的な使い方ができないという欠点もある。

逆に「探索」に寄せたツールを目指すのであれば、エリアを選択できるようにしたり、ＰＯＩ以外のデータを自由にアップロードして分析に紐付けることができるようにするのがよいだろう。また、柔軟性を追求するのであれば、人工知能との対話型のインタフェースを通じて、やりたいことを伝え、分析・可視化用のコードを生成するという手もある。システムの汎用性が高く、柔軟であるほど、より細かいカスタマイズや深い探索が可能になるという利点がある。一方で、ＵＩ／ＵＸの観点から考えた場合、シンプルさや理解しやすさと柔軟性というのは一般的に反比例するため、自由度の高いシステムであればあるほど、多くの人が理解できるものにはなりづらい。探索的なツールを制作していると、ついつい細かなカスタマイズを可能にしたくなってしまうが、柔軟性を高めようと複雑にすると、簡単に理解しづらいツールとなり、習熟に時間がかかるものになってしまう。

分析・可視化ツールだけでなく、アプリケーションのＵＸ全般に言えることではあるが、想定ユーザーに合わせてシンプルさと柔軟性のバランスを適切に調整することが重要となる。ただでさえ複雑なデータ分析という仕組みをより多くの人に届けるためには、この二つのバランスを状況を見ながら慎重に見極める必要がある。レゴブロックをイメージしてみてほしい。レゴは極めてシンプルな構造をしているため幼児にでも使えるが、その組み合わせ方次第で複雑な形状を作ることができる柔軟性を兼ね備えている。一方で、ブロックの1ユニットが表現の最小単位であり、かつ素材も限られているため、プロダクトデザイナーが仕事の道具として扱うには制約が大きすぎる。データを人や社会に近づけるためには、誰がどのように扱うシステムなのかを意識し、柔軟性をもちながらも適切なシンプルさを保つことが常に求められているのだ。

2-4
結果への信頼とメンタルモデルとの一致

ここまで、データをアクションにつなげる視点や手立てについて語ってきたが、人がアクションに至る手前には、提示された結果への信頼という最後の課題が横たわっていることについて触れていこう。

分析は、結果や予測を具体的に数値で提示するため、人はそれを見て具体的なアクションを検討することができる。一方で、提示される結果が複雑な計算を経て出てきたものであることから、提示された数値をそのまま鵜呑みにすることが難しかったりする。そんな時に求められるのが、メンタルモデルとの一致だ。アクションには少なからずコストがかかるため、いかに正しい計算のもと事実が提示されていたとしても、それを信用できなければアクションに至るのは難しい。そんななか、「あぁ、たしかにこの数値は出るだろうね」と思えるような結果が一部にでも並んでいれば、その他の数値についても一定の信頼をもちながら見ることができるようになる。

たとえばRESAS Prototypeの潜在サービスニーズマップでは、［バー、キャバレー、ナイトクラブ］を選択すると、圧倒的な量が銀座に集中していることがわかる（図30）。これを見た人は、雑居ビルに大量のバーが密集した看板を思い浮かべているのか、その多くが「あぁ、たしかに……」とつぶやいていた。このように、見る人がもっているメンタルモデルと一致する結果が一度画面上に表示され

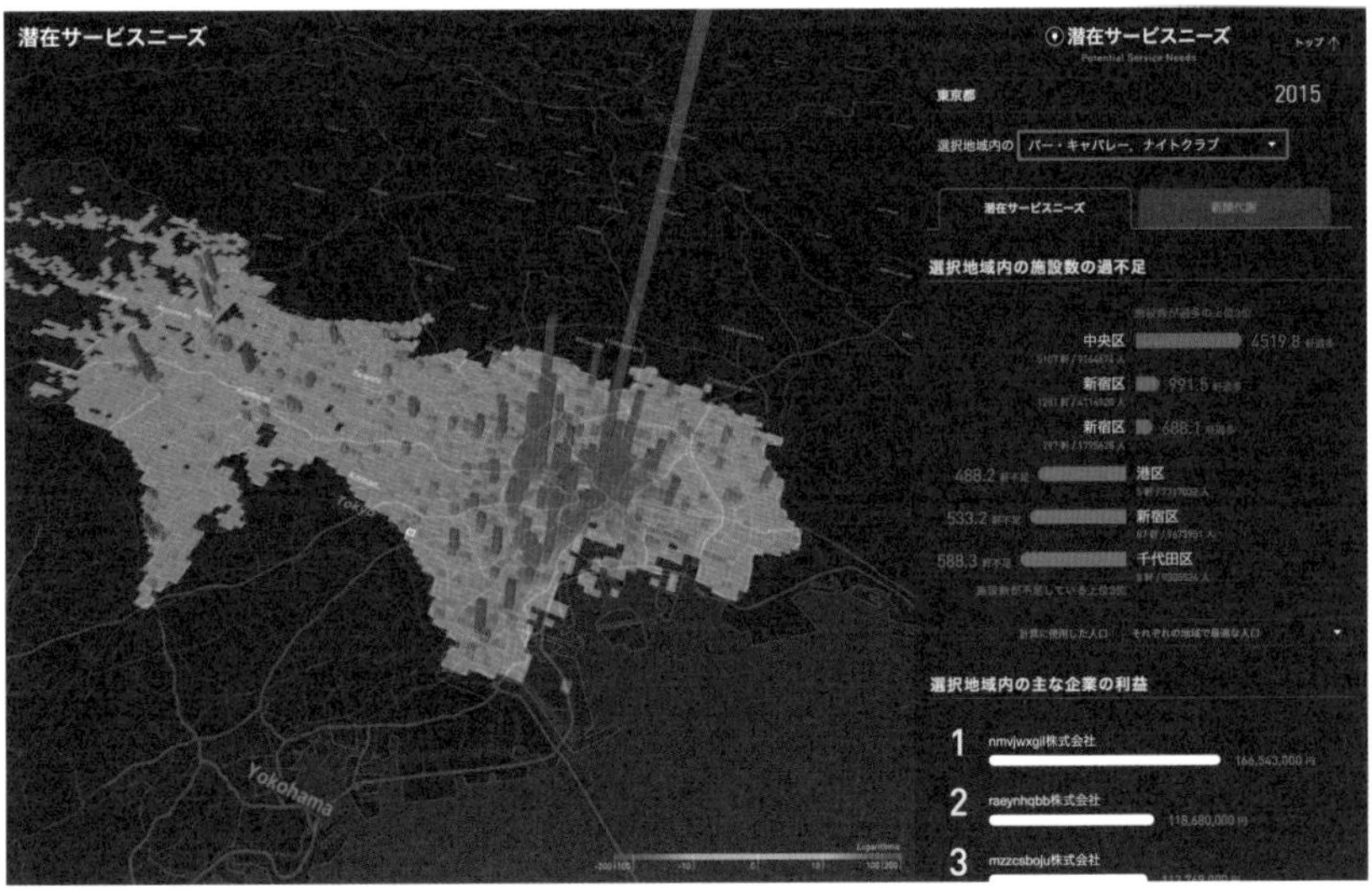

図30　RESAS Prototype：潜在サービスニーズマップが示す［バー、キャバレー、ナイトクラブ］

ると、その他の数値についても一定の信頼を置きながら見てもらうことができる。地図に限らず、棒グラフひとつでも、結果の数値の周辺にどのような数値が並んでいるかによって、結果への信頼度が大きく変化する。

閲覧者にとっての結果への信頼性は、計算の仕組みに対する理解や、結果の単位に対して馴染みがあるかどうかといった部分でも大きく変化する。潜在サービスニーズマップでは、「そもそも人がいなければサービス業は成り立たない」という誰もが理解できる大前提から始まり、では「特定のエリアに何人いれば1店舗が成り立つのか」というイメージしやすい計算がなされている。もちろんその背景にはさまざまな複雑な計算はあるが、ここではいったい何を計算しようとしているかが理解しやすいことが重要となっている。さらに、「このエリアには1店舗不足している」といった具合に、「店舗数」という私たちの理解しやすい数字で結果が表示されていることも、メンタルモデルとの一致を促すために重要な要素となる。よく統計結果を示す際に、他の調査時点との相対値として「指数」が用いられるが、これには単位が存在しないこともあり、慣れない人はこの時点で脱落してしまう。

そのデータの「平熱」は？

もし、計算の結果が私たちに馴染みのない数値にしかならない場合は、どうすればよいのだろうか。たとえば、学力で「偏差値」というものが使われているのは皆さんもご存知だろう。偏差値は、平均を50、標準偏差を10として計算することで、平均点の異なる試験でも結果の比較が可能となる。指数と同じく単位が存在しない数値だが、具体的な計算手法などを知らない人でも、「あの学校は偏差値が70だ」といった感じで、皆が自然に使うことができている。これは、自分にとって偏差値の基準となるテストの結果や目標とする学校の数値があって、初めてその値が高いのか低いのかがわかるためだ。つまり、その数値における自分の「平熱」がわからなければ、出てきた数値を測れないのだ。体温のように、普段から計測していたり一般的な数値を知っていれば、39度と言われた時に心配する数字であることがわかるが、健康診断でγ－GDPが80と書かれても、普段から数値を気にしている人以外はピンとこないだろう。ちなみに私は気にしている側の人間だが、それでも毎回昨年の数字や基準値を検索しながら比較しないと、それが良いのか悪いのかを把握できない。このように、馴染みのない数値に対しては、平均や何かしらの基準値を示し、その数値が大きいのか小さいのか、また、大きい場合にどのような影響があるのか、といった情報とともにユーザーに伝えなければならないのだ。

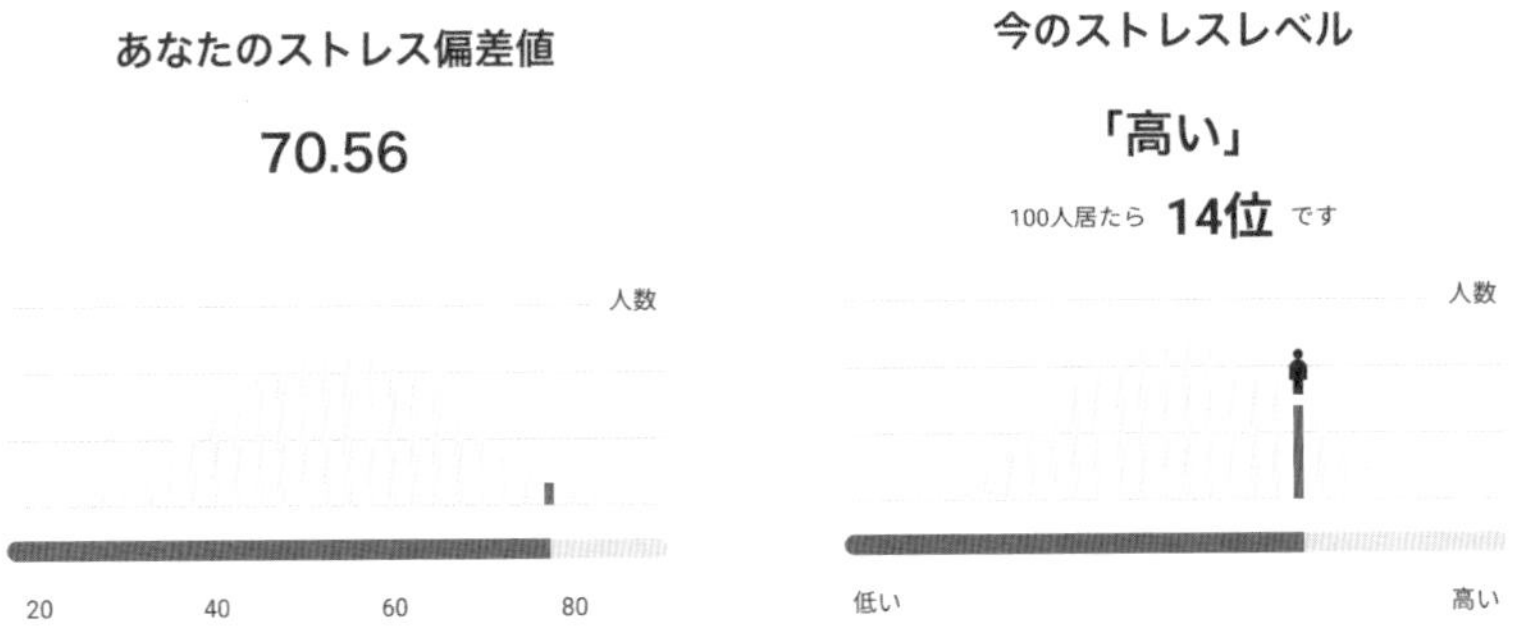

図31　ストレス値の提示方法の工夫

ここまでの話を「当たり前だろう」と思う人も多いかとは思うが、体温計のように目の前で計測したわけでもないデータをもとに、自分の知らない計算によってはじき出された分析結果である場合、思った以上にその数値の受容に対するハードルは高いものだと考えたほうがよい。二〇二一年にストレス診断系のアプリを制作した際、約2,000人へのアンケート結果をもとにストレス値を計算し、図31左のように診断結果の画面で偏差値として表示した。幅広い年齢層の人に結果画面に対するインタビューを実施したところ、多くの人が「ストレス偏差値」という表示に対して「理解しづらい」と回答した。なぜわかりにくいと思うのかを質問したところ、多くの人が「偏差値」という言葉を知ってはいるものの、「集団の中の位置」ではなく「学力を示す数値」という理解でいたため、メンタルモデルとのギャップが生まれた結果であった。その後、右図のように、その数値が高いのか低いのか、そして偏差値ではなく、100人いた場合のランクを示すことで、「集団の中の位置」である認識をもってもらい、そうすることで多くの人から「理解できるようになった」との回答をもらえるようになった。このように、たとえ同じ情報であったとしても、メンタルモデルとの一致を生み出せるか否かによって、結果への理解度は大きく異なってしまうのだ。

未来予測の信頼性

データの活用方法は、大きく①現状把握と②未来予測に分けられる。本章で焦点を当ててきた「分析」は、現状を把握し、どうすれば目的とする数値、たとえば来客数などが上がるのかの仮説を構築するのに役立つ。一方で、明日同じ製品がいくつ売れるのかといった未来予測をするような使い方もできる。予知ではなく予測なので、あくまで現在の延長線上で状況が変動した場合、数値的にどのような変化があるのかを求めるようなものだ。

ここまで紹介してきた統計的手法は、いくつかの例で示してきたように、なぜこのような結果が出たのかについてさまざまな要因の寄与度、つまりどの要素がどれくらい結果に影響しているのかを算出することができる。たとえば、分析の結果、曜日と天気と周辺イベントの有無が来客数に対する影響が大きいと出た場合、それぞれがどの程度の強さで結果に影響を与えているかという数値が算出されるため、説明が可能な結果になるのだ。さらに、各要素の影響度がわかっているため、条件が異なった場合の未来予測が可能となる。たとえば同じ曜日で天気が異なる場合、どのような売上になるのかという数値が出れば、天気予報をもとに仕入れの量を調整するような判断もできるだろう。

二〇一二年頃から注目を浴び始めた人工知能、特にディープラーニングは、この未来予測という部分で、大量のデータからパターンを抽出することを得意としている。画像から隠れた部分を予測して補完したり、カメラ映像から一歩先を予測して車の運転をするような用途において、複雑なデータをモデル化できる人工知能は優位性をもつ。一方で、ディープラーニングはなぜこのような結果が出たのかを説明するのが難しいという課題をもちあわせている。学習データから状況をモデル化するので、現状が数値化されるのだが、計算の途中経過がブラックボックス化してしまうため、説明が困難なのだ。説明可能なＡＩ（Explainable AI）を目指した研究も多く存在し、各要素がどのように結果に影響を与えたかがわかるようになってきてはいるが、構造上、統計的手法に比べ根拠の提示という面で課題が多い。

＊＊＊

さて、本章では、データから価値を生み出すためのアクションにつながる可視化に求められる重要なポイントを紹介してきたが、可視化にせよ分析にせよ、最終的に示された結果を信頼できるかどうかは今後さらに大きな課題となる。自分の命を預けた時速100kmで走る自律走行車が、一瞬先の未来で本当に道を走ってくれているかどうかを信じることができなければ、いつまでもハンドルから手を離すことはできないだろう。逆に、過度に信頼をしてしまうと、それこそ命を危険にさらしてしまうことになる。そもそも、説明が可能な統計的手法ですら、データに馴染みのない人からすればブラックボックスと感じてしまうことを考えれば、分析の結果に対して適切な信頼を得るには、よりいっそうの配慮が必要となる。結果への信頼性は、人々がデータに自分たちの未来を委ねることができるかどうかにつながる大きな課題だ。次章では、人工知能を題材に、この信頼という課題についてデザインの目線から深堀りしていく。

第3章

人工知能とデザイン

本章では、データを人と近づけるうえで超えなければならない壁としての「信頼性」の問題に踏み込む。大きな課題であるが、デザイナーが備えた信頼を得るためのＵＸデザインのアプローチがその打ち手となることを、人工知能を題材としながら示していく。

3-1
理由を説明できない意思決定の難しさ

人工知能と呼ばれるものは一九五〇年代から研究されており、序章でも触れたとおり、二〇一二年ごろから騒がれている人工知能は「第三次人工知能ブーム」と呼ばれている。人工知能という概念は非常に幅広く、人間の知識を模したシステムであれば基本的に人工知能に分類される。極端な話、人が「Aと言われればBと返す」という条件を登録し、それを実行するようなルールベースのシステムでも人工知能と呼ぶことができる。人工知能と聞くと、おそらく多くの人が自動運転やロボット、スマートスピーカーなどを思い描くと思うが、そのほとんどが深層学習（ディープラーニング）を用いた人工知能である（図32）。

人工知能分野の研究は他の分野と比べて変化のスピードが速く、ディープラーニングの根本的な仕組みは変わらないまでも、その応用方法や実現可能な範囲は日々変化している。本章では、主にUXデザインの側面から、データへの信頼性という観点におけるディープラーニングの根本的な課題や、それに対して押さえるべき視点について触れていく。

ディープラーニングは、ニューラルネットワークという人間の脳神経の構造を模して研究された仕組みから発展して生まれた。つまり、多数のニューロンが連結し合うネットワーク構造を形成して、間をつなぐシナプスから受け取った信号を次のニューロンへと伝達するという仕組みで計算が行われ

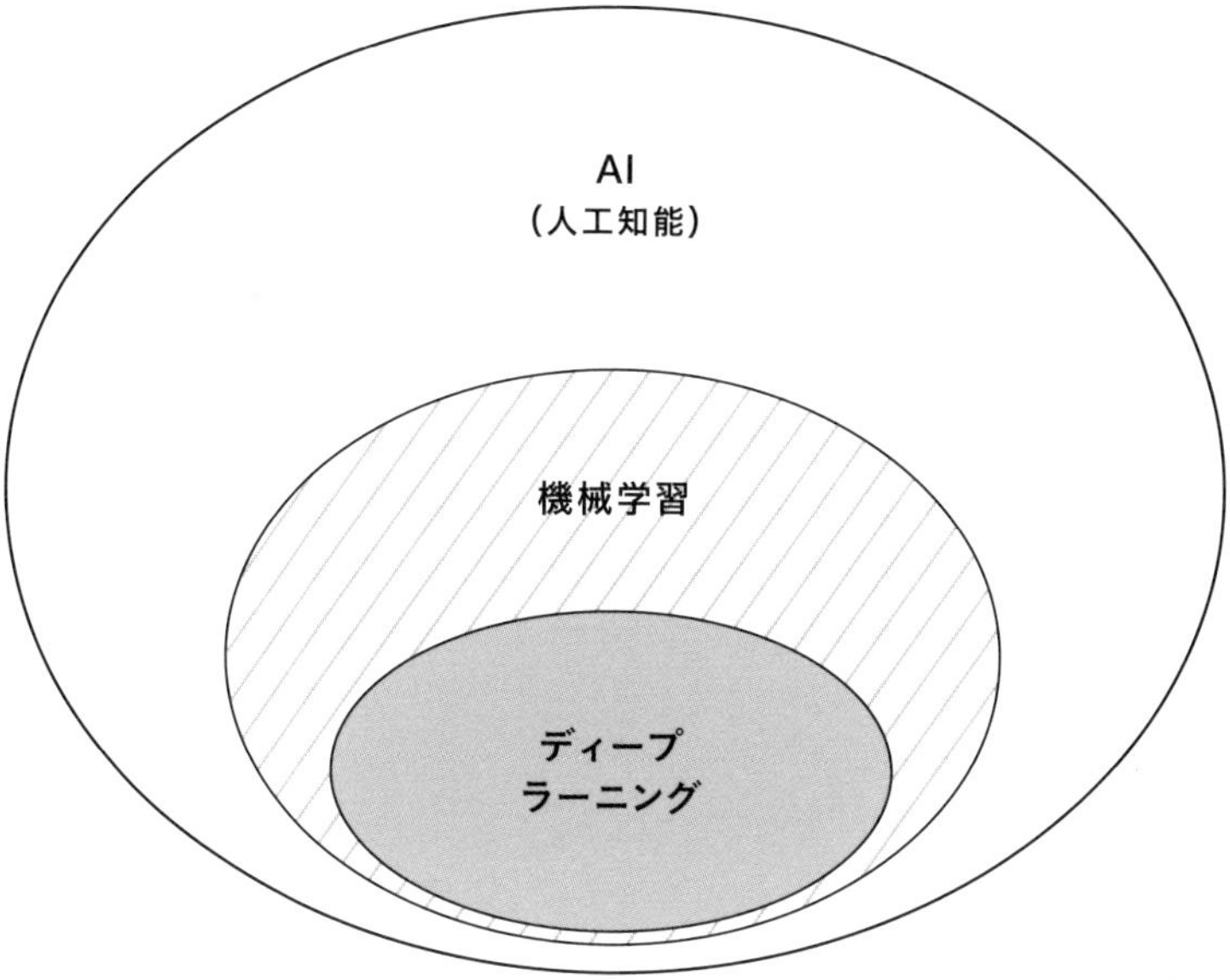

図32　「人工知能」におけるディープラーニング

る。ディープラーニングはこのニューロンを多層化して接続することで、画像に写っているモノを判別するといった複雑な判断を要する計算を実現している。

ディープラーニングでは、データを入れる入力層と、データを取り出す出力層の間に、「隠れ層（Hidden Layer）」と呼ばれる、人間が信号の内容を見ても理解できないニューロンの層が複数存在する。これらの複雑に折り重なったニューロン層を通る信号の強さは、人間が決めたものではなく、データを用いた学習によって決まるものであるためブラックボックス化してしまい、なぜそのような計算結果になったかの説明をすることが難しい。

意思決定に必要なもの

前章では、データの活用はいかに具体的なアクションにつなげられるかが重要であると述べたが、ディープラーニングの計算によって導き出された結果を次のアクションにつなげるためには、何が必要なのだろうか。

たとえば、医療分野においてはディープラーニングの活用が難しいという記事を目にした方もおられると思う。これは、命のかかった場面において、医師は診断の理由を患者に説明しなければならず、推論の過程を説明しにくい計算結果は現場で用いることが困難であることが理由だ。そんななか、二〇一八年にAlphaGoで有名なGoogleの子会社であるDeepMind社は、目のCTスキャンの画像から網膜疾患の診断を根拠とともに示すシステムを発表した。[16] 翌年にはGoogleがExplainable AIを発表し、[17] 現在は同社の提供するAPIのなかに組み込まれている。現在さまざまなアルゴリズムが発表されているが、たとえばIntegrated Gradientsという手法では、[18] 判定された画像のどの部分が判定に寄与しているのかをハイライトすることで、計算結果を説明することができる状態を生み出すことに挑戦している（図33）。

実際に米国の医療現場ではAIツール導入が進んでおり、二〇二二年にシカゴ大学などの研究チームが公開した研究論文[19]によると、大規模医療機関の60％超がAIツールを担当する専門チームまたは専門家個人をもち、AIツールの導入・運用・評価にあたっているとしている。また、現場への導入には現場の医師のAIに関する知識不足も指摘されていたが、英国立衛生研究所（NIHR）が臨床研究者向けのAIトレーニングコースを立ち上げるなど、[20] 現場のリテラシー向上施策も同時に進められている。

では、これらの情報を用いて、意思決定が可能になったと言えるのだろうか？　これは、技術の浸

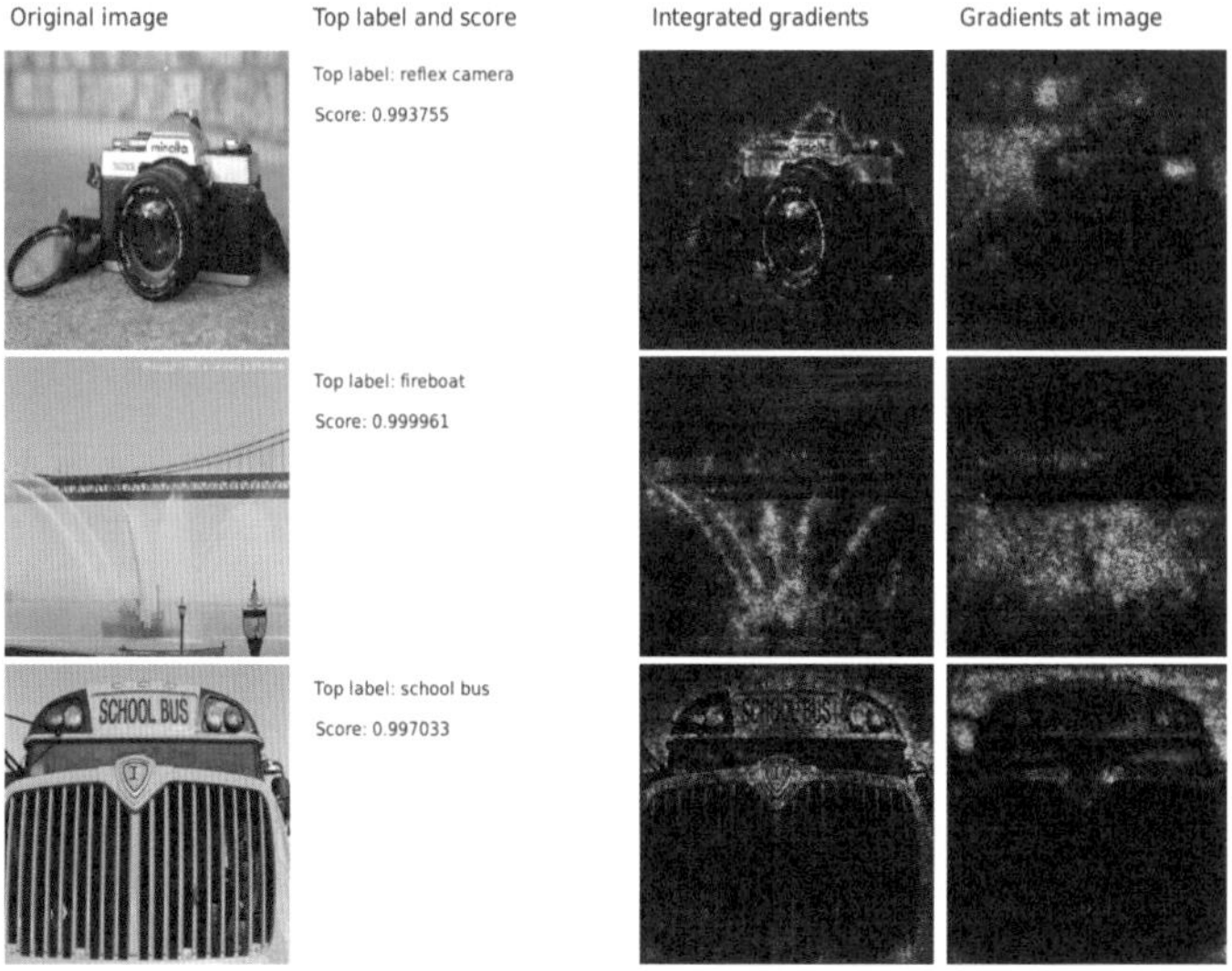

図33　Explainable AI：画像のオブジェクト判定の根拠となった特徴の抽出

透とともに変化する部分だが、現在のところ、専門家が判断するためのサポートが可能なレベルであるとは言える。しかしながら、一般の生活者が人工知能を前にした時、その判断に身を委ねることができるかというと、依然として計算結果への信頼問題が横たわっている。

私は以前、資材調達のDX（デジタル・トランスフォーメーション）を担当している人から、「いかに正確な値を出していたとしても、結局百万円単位の高額な発注の自動化はできなかった」という話を聞いたことがある。これは、医療現場において命がかかった判断を人工知能に託すことができない問題と近いだろう。元も子もない話ではあるが、結局のところ、計算が正確であったとしても、なおかつ理由を説明できたとしても、使用者がシステムを適度に信頼できることが意思決定のためには重要なのだ。

序章において、コールセンターへの検索システム導入における最後のハードルが「使い慣れていない」というものであったことを紹介した。医療現場へのシステム導入のように、新しい技術は日々進歩し、技術的な課題は解消していくが、人間の「慣れ」がそれに追いつくためにはどうしても時間がかかってしまう。こうしたギャップを前に、われわれデザイナーは、システムと社会の間をつなぐ「媒介者」としてデザインを実践しなければならない。

3-2

「責任」と「信頼」のバランス

ここからは、こうしたギャップを埋めるためにできるUXデザイン的なアプローチを検討していく。たとえば人工知能から「この症状の人は、この病院がお勧めです」と紹介された場合、試しに行ってみようかなと思う人は少なくないのではないだろうか。これも一種の意思決定であり、データから次のアクションをとらせることに成功している例だろう。では、「今この薬を飲んでいるあなたは、こっちの薬のほうがお勧めです」というメールを受け取ったとして、あなたは試しに購入するだろうか。病院の場合、自分と合わなければ二度と行かなければよいだけだが、直接身体への影響があるような場合、さまざまな思考が頭をよぎるはずだ。この二つの違いは、「責任」の重さと「信頼」の大きさのバランスに起因する。少なくとも私であれば、薬の変更という健康に関わる内容は現段階の人工知能に委ねることはせず、これまで通っていた病院や、セカンドオピニオンを求めて他の病院にまずは相談にいく。ただし、これは執筆時の人工知能に対する私のなかの信頼が一定以上に至っていないためであり、今後「どうやっても人工知能のほうが良い結果を出す」と信じることができれば判断は覆るだろう。

責任自体を軽量化するアプローチ

では、そのような人工知能をプロダクトやサービスに組み込むにはどのようにすればよいか。最もシンプルなのは、その時点の人工知能でできる範囲に合わせて、責任自体をライトなものにする方法だ。それこそ「次に読むとよい漫画」や「本日のお勧めドリンク」といったレベルのタスクにすることで、責任自体が軽くなる。この方法は、データを使ってゼロからサービスをデザインする際や、当初想定したタスクが複雑すぎて想定した結果が得られない際に、タスクを再検討する場合などに用いることができる。

たとえば、ワインのラベルを撮影し、その評価を検索する「Vivino」のようなアプリは良い例だろう（図34）。ディープラーニングの仕組みが、写真に写っているものを分類するような処理が得意であることや、仮に間違えたとしても大きな責任が発生しないことから、人工知能に求めるタスクとしてバランスがよい。

ただし、タスクの選び方には細心の注意を払う必要がある。クレイトン・クリステンセンは『ジョブ理論　イノベーションを予測可能にする消費のメカニズム』[21]のなかで、「ジョブ」という単位を提唱している。ジョブは「顧客が特定の商品を購入するのではなく、進歩するために、それらを生活に引き入れる」ものであるとし、この「進歩」のことを、顧客が片付けるべき「ジョブ」としている。本の中で紹介されているミルクシェイクの例がとてもわかりやすい。「どうすればミルクシェイクが売れるのか」の答えを求めて、味や量、値段について驚くほど詳細な調査を行ったが何も変わらず、

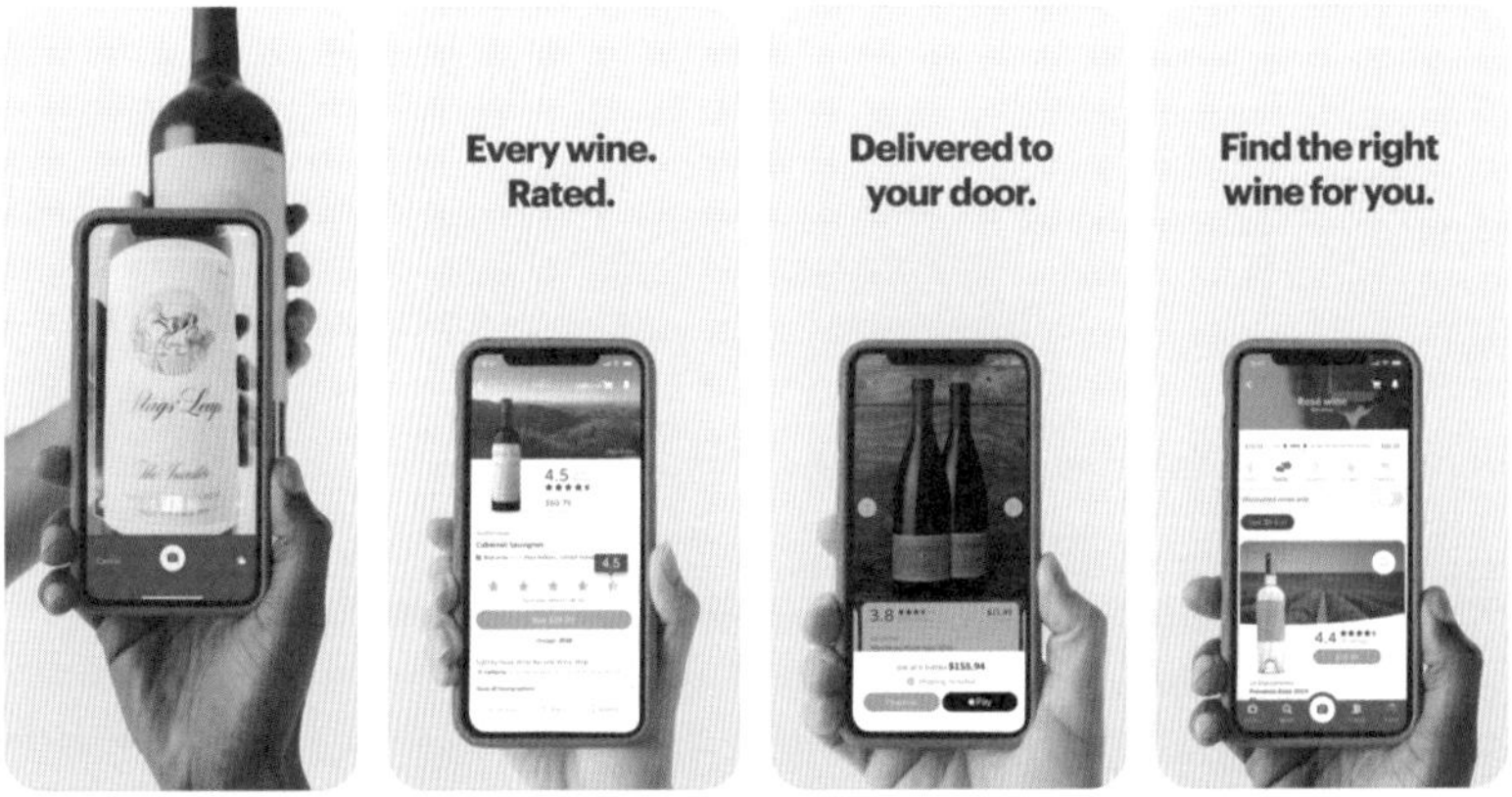

図34　Vivino

結局本当に顧客が完遂したかったジョブは、「仕事先までのつまらない長距離運転の気を紛らわせてくれるもの」であったというものだ。この話が示すように、人々が、どこで、いつ、誰と、何をしているのか、といった文脈のなかで、人々が「本当に完遂したいと思っているジョブが何であるか」をしっかりと見極めることも重要となる。

サービスをシステムが処理できる範囲に絞った結果、顧客が本来達成したい「ジョブ」が完結しなかったという事例は多く存在する。たとえば「Vivino」では、写真で撮影した銘柄をもとに皆が投稿したスコア（評価）を比較しながらワインを選ぶが、もし銘柄と概要だけを表示するようなアプリであった場合、「〝良い〟ワインを選ぶ」というジョブが完結しているとは言えない。人工知能を用いたプロダクトでは、顧客が真に求めている「ジョブ」と、人工知能が完遂できるタスクが重なる場所を注意深く探す必要がある。

人工知能に求めるタスクを検討するうえで、責任の重さ以外にもいくつか注意すべき点があるのでいくつか挙げておく。

リスクと責任の所在：まず、人工知能が選択を誤った場合、どの程度のリスクがあるかを事前に正しく見積もる必要がある。また、最終的に責任の所在がどこにあるのかも同時に考える必要がある。

扱うデータの同質性：人工知能に限らず、データを用いた分析は、与えられたデータの範囲で計算の結果を出力する。そのため、学習データに大きなばらつきが生まれるようなケースバイケースな課題に対してはその力を発揮できないので、データの同質性を担保する必要がある。

人間である必要性：人工知能に言われるよりも、人間が相手のほうがよいと思うようなタスクは、たとえジョブが完結するとしても選ばないほうがよい。医師からの診断や、企業からの謝罪など、たとえ同じ回答が得られるとしても、人間に言われないと納得ができない内容もあるだろう。

Vivinoは、判定を間違えた時のリスクは小さく、瓶のラベルというケースバイケースで変化しない同質なデータを扱っている。また、もちろん人間から紹介されたほうが嬉しいが、日々の買い物という、人間でなくても問題ないシーンを選び出していることから、人工知能がその価値を発揮できると言えるだろう。

信頼不足の肩代わりをするアプローチ

前述したような、タスクの範囲を絞りながら責任自体を軽くする方法は、ジョブが完結できなくなってしまうと元も子もない。また、すでに実装されたシステムがあり、精度は低いが一応動いている場合などは、タスクを絞ることが難しい。実際私が受ける相談でも、すでにシステムがある程度完成しているものの精度が足りず、ジョブが達成できない、もしくはジョブ自体が見つからないというようなパターンが多い。そのような場合は、もちろんアルゴリズムの最適化の手伝いはするが、別の価値で人工知能に足りない信頼を肩代わりしながら、当初の想定とは少し異なるジョブの完遂を目指し、人工知能の担う責任を軽減するようにしている。

たとえば、Amazon EchoやGoogle Homeといったデバイスが、「AIアシスタント」ではなく「スマートスピーカー」として売られているのを考えるとわかりやすいだろう。Amazon Echoが発売された当時、Twitterなどで「まあ、高性能なスピーカーと思えば安い買い物」という意見をよく目にした。会話ができる人工知能として話題にはなってはいるものの、これまでに世の中にないプロダクトに皆が困惑しながらも、「スピーカーを買うと思えば」と言いながら購入ボタンを押していたのだ。まだアプリケーションも揃っていなければ対応するIoT機器も限られているなかで、「いったい何に使えばよいのかわからない」と言われながらも、高性能スピーカーという価値でボトムラインをキープしていた（図35）。

この方法により、Amazon Echoは、人工知能に対する信頼が低いなかで高性能なスピーカーという価値で製品全体としての価値を担保し、世の中への浸透を果たした。人工知能の性能や周辺機器などが出揃ってきた段階で、次第にスピーカーとしての機能を絞り、最後はAPIやマイクのような

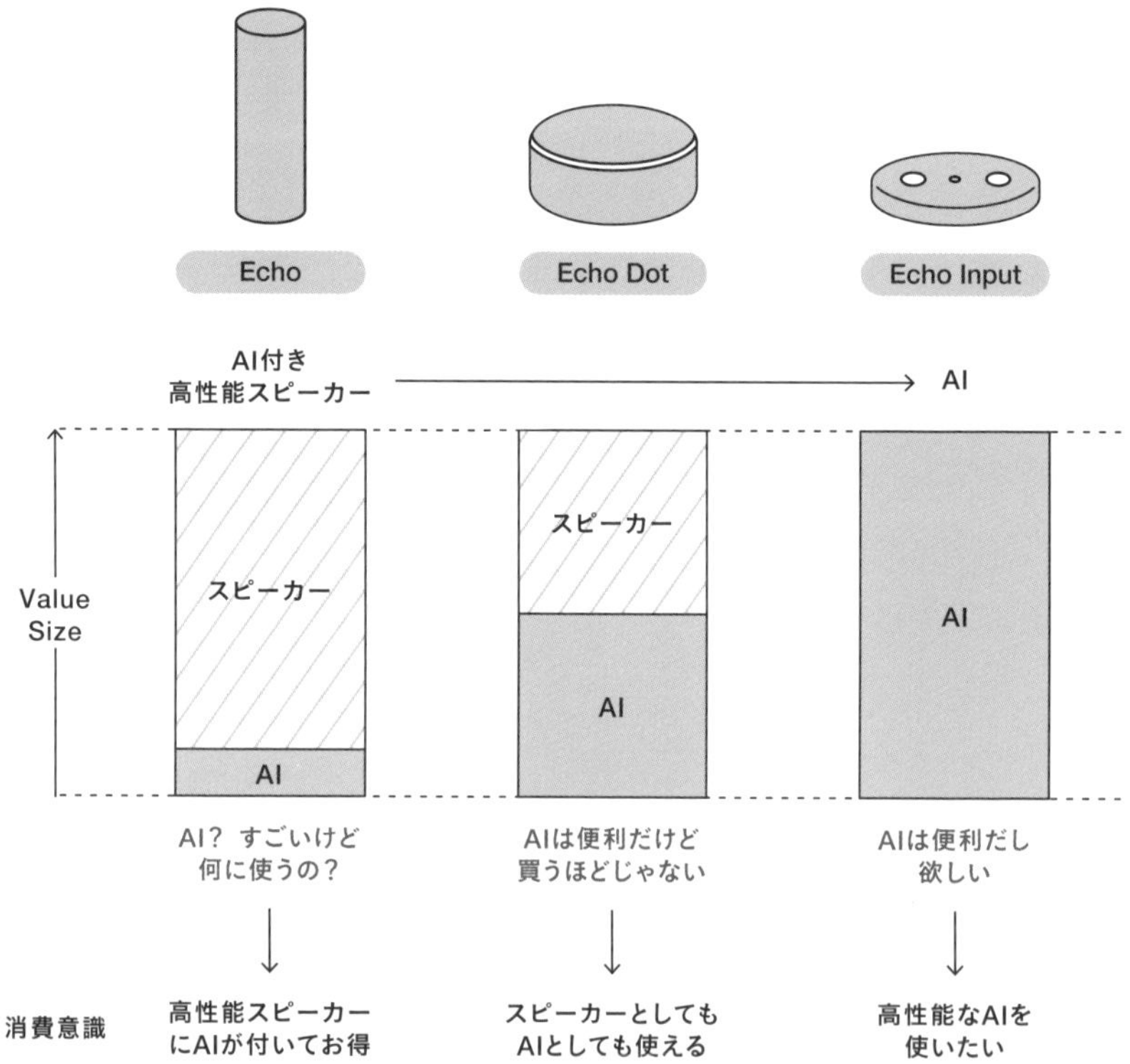

図35　Amazon Echoにおける価値担保の推移

ハードウェアであっても、世の中から求められるような立ち位置を手に入れることができる。この方法をとろうとした時、発表段階では、本来目指している「AIアシスタント」とは異なるジョブを解決するプロダクトとして認知されることを許容する必要がある。そして、人工知能の性能が向上した段階で、次第に本来片づけたいと思っていたジョブを解決するプロダクトへと進化させていくのだ。

Amazon Echoで用いられているこうした「浸透」プロセスは、序章で挙げたコールセンター向けの検索システムを開発するプロジェクトでも活用した。当時の課題は大きく二つあり、一つ目が人工知能による検索精度が足りなかったこと。二つ目がユーザーが自然言語を用いた検索に慣れていなかったことだった。一つ目の課題に対しては、人工知能による検索精度が一定レベルに達するまでのあいだ、既存の検索エンジンの結果に人工知能の検索結果を混ぜる方法をとった。さも「これまでのシステムと同じですよ」感を演出することにより、業務が停止するリスクを最小限にとどめ、人工知能の精度が上がるにつれて、次第に人工知能の検索結果を増やしていったのだ。これは、スマートスピーカーが世の中に浸透した構造とほぼ同じ、「レトロフィット型のアプローチ」と言える。二つ目の課題に対しては、初期運用期間にサジェスチョンを出し、自然言語での検索を促すことで、使う側のトレーニングをゆるやかに進める方法をとった。

Column

これまでに世の中にない価値を浸透させる方法として、「慣れ親しんだ姿をしながら溶け込ませる」という方法がある。「レトロフィット」と呼ばれるものだが、たとえば図36左の家具調テレビなどはよい例だろう。まだテレビが各家庭に浸透していなかった時代、日本家屋の中でテレビという存在が異質な存在として見えてしまうことから、家具調テレビという今から考えると冗談のような製品が発売されていた。たしかに、まだ家庭に存在したことのないブラウン管というものはさぞ異質なものとして人々の目に映ったのではないだろうか。しかし、今後私たちの家庭にロボットが入ってくることを考えると笑ってもいられない。SONYのAIBOや、GROOVE X社のLAVOTのように「ペット」という立ち位置で家庭に入ろうとしているが、もし人間と同じようなサイズのロボットを家庭に入れようと考えた場合、もしかすると「家具調ロボット」のような概念を生む必要が出てきてもおかしくない。

レトロフィットはデジタルの世界でも多く活用さ

図36　家具調テレビによる「レトロフィット」

れている。たとえばスマートフォンやタブレット端末の普及時、画面をタップするUIに多くの人がまだ慣れていない段階において、UIを既存のなじみのあるモチーフに似せることで、直感的な操作をできるようにした。これは「スキューモーフィズム」と呼ばれ、ギリシャ語の「skeuos（入れ物）」と「morphê（形）」を語源としている。iPhoneではiOS6まではスキューモーフィズムが採用され、多くの人がUIに慣れた段階で装飾を排除したフラットデザインが採用されるようになった。また、スキューモーフィズムは電子書籍が世の中に登場したころ、「紙の本がデバイスに入っただけ」といった認知も促し、その浸透に一役を買っていた。

また、「信頼不足の肩代わり」という意味では自動運転も似たような方法をとっていると言えるだろう。この場合、人工知能で精度が足りない部分を直接人間が補うような構図となる。レベル1（運転支援）の段階では、まだほとんどの操作をドライバーが補っているが、レベルが上がると次第に人工知能が操作を担い、最後は完全に人工知能が運転するような状況が生まれる。私もレベル1～3（条件付運転自動化）の車での移動を体験したが、ドライバーを人工知能が補佐している状況から、次第に人工知能をドライバーが補佐するような状況に変化しているのを肌で感じることができた。

Column

自動運転のレベルは、ニュースなどでもよくとりあげられる指標であるため知っている人も多いだろう。図37は、アメリカの自動車技術会（SAE）が二〇一六年に示し、米運輸省道路交通安全局（NHTSA）が採用したもので、[22]日本を含む世界においての主流となっている。レベル0を完全な人間による運転、レベル5を完全な人工知能による運転とした時、その間をなめらかにつなぐように、運転の主体が人間から車へと次第に変化していく。

自動車の自動運転は経済に与えるインパクトも大きいことから、世界中で大きな期待が集まっている。日本でも少子高齢化に伴い労働生産人口が減少するなかで、過疎化した地域における移動手段やそもそもの労働者不足に対する対抗策としても注目されている。一方で、こうした命を預けるシステムにおける責任の所在がはっきり定まっていない。システムの開発スピードに

レベル0	運転自動化なし	運転者が全ての運転操作を実施
レベル1	運転支援	システムが前後・左右のいずれかの車両制御に係る運転操作の一部を実施
レベル2	部分運転自動化	システムが前後・左右の両方の車両制御に係る運転操作の一部を実施
レベル3	条件付運転自動化	システムが全ての運転タスクを実施（限定条件下）システムからの要請に対する応答が必要
レベル4	高度運転自動化	システムが全ての運転タスクを実施（限定条件下）システムからの要請等に対する応答が不要
レベル5	完全運転自動化	システムが全ての運転タスクを実施（限定条件なし）システムからの要請等に対する応答が不要

図37　自動運転のレベル分け

対して、課題への法整備が追いつかないこともあり、責任の分担を次第に移行するような仕組みが採用されている。

人工知能は、その仕組み上、学習のための正解データ（教師データ）の収集と学習、そして最適化のそれぞれに多くの時間を要する。たとえば対話型の人工知能の場合、大規模言語モデルの学習を1台の家庭用ＰＣで学習させようとすると300年以上の時間が必要だとも言われている。人工知能の学習は大規模になればなるほどお金と時間がかかってしまうので、大企業や研究機関以外は最初は小規模に始める必要がある。たとえ最初は使い物にならないような精度であっても、学習を繰り返すうちにしっかりと使えるものになる可能性を秘めているのであれば、その可能性を開花させるために必要な学習期間の猶予を、ここまでに紹介してきたようなＵＸ的アプローチで生み出すこともデザイナーの仕事のひとつと言えるだろう。

3-3

「信頼を得る」ためのデザイン

人工知能の普及に伴い、二〇二〇年頃からDX（Digital Transformation）という言葉が巷に溢れてきた。経済産業省の定義では「企業がビジネス環境の激しい変化に対応し、データとデジタル技術を活用して、顧客や社会のニーズを基に製品やサービス、ビジネスモデルを変革するとともに、業務そのものや組織、プロセス、企業文化・風土を変革し、競争上の優位性を確立すること」[23]となっている。具体的なDX施策としてよく挙がるのが、AIを活用した業務改善だろう。たとえばRPA（Robotic Process Automation）ツールの導入により、人工知能による業務の自動化が挙げられる。これまでは専用のシステムを導入する必要があったが、RPAツールによっては、人が操作するデスクトップを直接同じように操作し、ジョブを完遂するような仕組みにより、専門家によるシステムの構築を必要としないことから注目を集めた。

経済産業省の定義からも読み取れるが、DXは企業におけるデジタルツールの導入のみを指す言葉ではない。企業のデジタル化が効率化を指すものだとすれば、DXはビジネスモデルの変革による企業の競争力向上を指す。そこには、デジタル化を目的として扱うか、手段として扱うかの違いがある。本書で扱っている「データ」というテーマも、データを扱うことを目的としているわけではない。あくまで手段として捉え、世の中に変化をもたらすことを目的としている点では、似たようなゴールを目指していると言える。

ＤＸにおいても、システムが信頼を得られるかは非常に大きな問題となる。先に紹介した「結局百万円単位の発注の自動化はできなかった」と話していた調達のＤＸプロジェクトにおいても、全自動化に至れない大きな理由は、システムに対する信頼、具体的にはリスクと責任の所在だろう。最終的に彼らは、人工知能が担うタスクの範囲を絞りながらもジョブを完結させる方法をとる選択をしていた。人工知能は過去の発注パターンを学習し、発注リストを作成するところまでに留め、内容の確認と実際の発注はこれまでの担当者が担うことで、人工知能に求められる責任を軽いものにした。この方法は、完全な自動化はできていないものの、作業時間の短縮やミスの軽減につながり、十分な効果を発揮する。

期待値をコントロールする

信頼というのは基本的に、相手に対して自分の期待したとおりの結果が返ってくるか否かによって、その評価が変化する。逆に言うと、期待さえ小さければ、より少ないコストで信頼を得ることができる。

二〇一五年、Microsoftの開発した会話ボットである「りんな」（図38）が女子高生というキャラクター設定で登場し、LINEを通じてさまざまなおもしろ会話を繰り広げて話題となった。一躍有名人（？）となった彼女だが、多くの会話ボットが登場するなかでりんなが話題になった理由の一つとして、女子高生というキャラクターに対する許容があると言われている。実際、りんなとの会話内容は、つながっているようで破綻しまくっている。たとえばこれが執事のようなキャラクターだったら、この会話は許されていないだろう。キャラクターを女子高生とすることで、開発時点における人工知能の性能に合わせて期待値を下げている上手な方法だ。りんなは二〇一九年に高校を卒業し、歌手としてデビューした設定となっており、人工知能の精度向上に合わせて上手に期待値をデザインしていると言える。

他にも、タイミングによって期待値をコントロールする方法がある。リクルートの提供するフロム・エー ナビのキャラクターである「パン田一郎」（図39）のチャットボットも、りんな同様キャラクターであることから、やり取りに対する期待値を上手に下げていた。パン田一郎プロジェクトの担当者に話を聞いたところ、チャットボットの「既読」がつくタイミングや、既読後の応答タイミング等、人工知能が「考えている」ことを感じさせるための工夫をたくさん詰め込んだとのことだった。

ディープラーニングは学習に多くの時間とマシンパワーが必要となるが、よほど大きな学習モデルでないかぎり、実行時の処理は短い時間で完了する。そのため、そのまま応答すると、「まったく考えていない」とか、「事前に回答を準備していた」といった感覚になる。これは人工知能やチャットボットに限らず、さまざまな分野で気をつけなければならないポイントだ。前章で触れたストレス診断アプリについても、瞬時に回答が出ることから、複雑な計算をしていないと思われてしまうことがあった。

ＤＸプロジェクトは企業の業務に関わるものが多いため、インタフェースが少し堅苦しいものに

図38　会話ボット「りんな」

図39　チャットボット「パン田一郎」

なってしまうことが多い。一方で、利用者があまり意識していなかったとしても、硬いインタフェースからはしっかりとした処理が行われるという期待が生まれてしまう。業務用のシステムにキャラクターを登場させるのは現実的でないとしても、ボタンで使用するワードを「開始」から「はじめる」にすることで、やわらかい印象を生んだり、処理にかかる時間の調整により、しっかりと考えてから結果を出しているように見せるなどで期待値のコントロールは可能なため、細かく検討することが望ましい。

責任を問われない立ち位置を工夫する

チャットボットのように、相対する位置に人工知能をおいた場合、その語り口調などによってキャラクター性が付与され、何かしらの期待値が設定されるので注意が必要だ。ＩｏＴ機器に搭載する場合は、人工知能に会話などをさせず、携帯電話やスマートスピーカーなどを介して操作してもらうのもひとつの方法だ。我が家にもロボット掃除機が設置されているが、起動する時は直接ロボット掃除機に話しかけるのではなく、スマートスピーカーに対して「掃除を開始して」とお願いする。そうすることで、ロボット掃除機の人工知能が「言われた範囲のみをこなすオペレータ」として、過度な期待をされずに済む。一方のスマートスピーカー側はこの場合、サービスとの間に挟まり淡々と処理をこなすような立ち位置にある。そうすることで、「すみません、よくわかりませんでした」と言われてもまだ許せる状況が生まれるのだ。

他にも、人工知能の立ち位置をユーザーと対峙させるかたちではなく、あくまでアドバイスをくれるサポーターとして配置する方法がある。魔法少女の肩に乗っているマスコットキャラ的なあり方で、「敵の弱点は眉間だよ！」という的確なアドバイスはすれども決して自分では戦わないような立ち位置だ。これは、責任の主体をユーザーから移譲しないことで、信頼性の低さをカバーするような方法と言えるだろう。

周辺情報をメンタルモデルと一致させる

特に、自動運転のような命を預けるような場合であれば、「本当に見えているのか？」といった不安を払拭する必要があるが、たとえばTeslaは、自分の車の周りの風景がどのように見えているのかを３Ｄ画面に表示することで、運転者の安心感を醸成している良い例だろう（図40）。自分の目に見える周辺環境とディスプレイの中に映る世界が一致していることでメンタルモデルとの一致が発生し、車の挙動に対して一定の信頼をおくことができるようになる。

また、一時Twitterの世界トレンド一位となったManga Nearest Mapも、同じく周辺情報があることによって結果に対する信頼を得ることができている良い例だろう（図41）。自分の検索した漫画の近くに似たジャンルだと思えるような漫画が並ぶことで、メンタルモデルとの一致が促される。そして、周辺からお勧めを出されると、「理解してもらったうえで提示されている」という納得感とともに受け入れることができるのだ。

図40　Teslaの3D画面

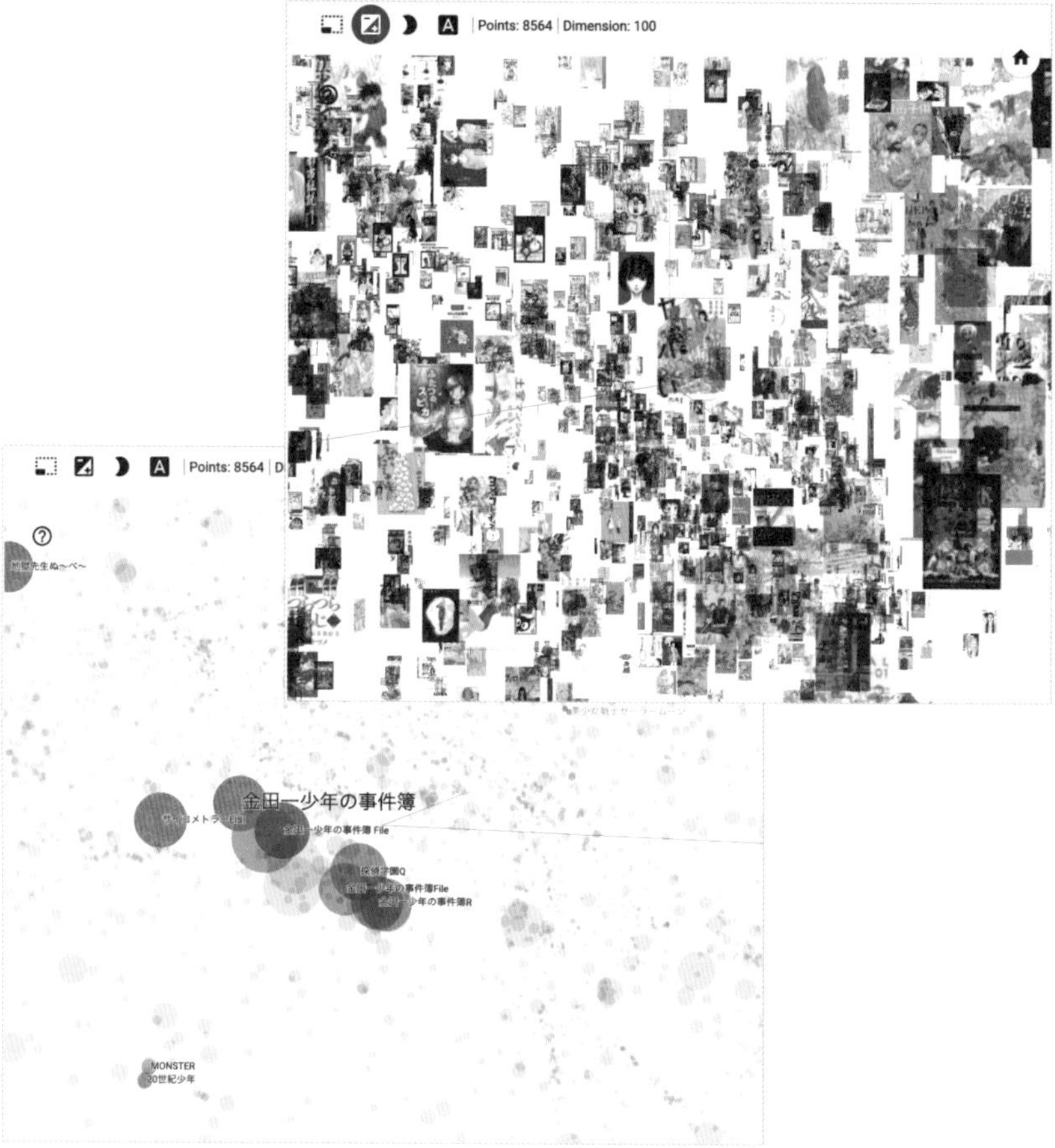

図41　Manga Nearest Map

ユーザーにアイテムを推奨するシステムを制作していると、本章でテーマにしている結果への信頼を得ることがいかに繊細で難しいことなのかを強く感じることができる。そこには、結果への納得度だけでなく、自分の知っているものだけを推奨されてしまうことによる満足度の不足や、知らないものばかりを紹介されてしまうことによるシステムへの不信感など、まさにUXに関わるデザインが欠かせない課題が山のように積み上がっていることがわかるのだ。

デザイナーは「翻訳者」

そういう意味で、データと人をつなぐ媒介者であるデザイナーは、「翻訳者」の役割も担うと言える。翻訳者は、ただ異なる言語の間をつなぐだけでなく、お互いの文化の背景にあるニュアンスを深く理解することで初めて深いコミュニケーションを生み出す。今は、いきなり現れたデジタル世界を社会に受け入れてもらう必要があるため、さまざまな手段をもって信頼を勝ち取ろうと躍起になっている時期と言える。しかし、社会からの信頼はただ得ればよいというものではなく、あくまでも関係として構築しなければならないものだ。

本章で紹介したいくつかのアプローチは、本来存在しない能力を誇大表示するものでなく、人工知能がもつ能力を正しく把握できるようにし、必要以上に不安を与えないようにするために、正しい信頼関係を人とデータの間に築くためのものだ。また、本章では「信頼を得るためのデザイン」という観点から事例や手法を紹介したが、逆に過度な信頼を防ぐこともデザイナーの仕事であると言える。

人工知能の生成した文章や画像は、もはや人間が作ったものと区別がつかないものが多い。そんなななかで、結果に対する適切な信頼度を醸成することも、今後のデザイナーの重要な役割となるだろう。

専門家以外の多くの人々にとって、いまだにデータというのは目に見えない驚異として映るだろう。そして実際に、悪意をもって生活からプライバシーを奪い去るような活用がなされることも少なくない。デザイナーは、無意識のうちに悪意の加担者にならないためにも、正しくデータを理解し、データと社会をつなぐための翻訳者とならなければならない。

＊　＊　＊

ここまでの第1部では、データの可視化や分析などの手法、UXデザイン的なアプローチを通じ、いかにデータを人に近づけることができるかについて触れてきた。データが世の中に受け入れられ始めた今だからこそ、まずは、データから人に歩み寄る必要がある。そのために、デザイナーには人の行動や認知を深く理解し、データを理解しやすくするためのUIや、データに信頼感を持たせるためのUXをデザインする「データのためのデザイン（Design for Data）」が求められている。

本書は〈データデザイン〉という概念を提唱するものだが、第1部で紹介した概念は、データを主体とした、人に対するアプローチであり、〈データデザイン〉の半分を形成する要素と言える。あくまでもその重心はデータ側にあり、デザイナーは人を説得するような立ち位置となる。社会にデータが浸透するまでの過渡期だからこそ、まずはデータ側に立つことが求められるのは仕方がないことだろう。一方で、十分な量のデータが社会に還元され始める今後においては、活用の質的な部分に目を向ける必要がある。データの価値を人に押し付けるのではなく、人がどのような営みを求めているのかを軸に、データを手段として用いるのだ。

第2部では、重心を人に移し、〈データデザイン〉を形成する残る半分、人間を中心に据えた「デザインのためのデータ（Data for Design）」というアプローチについて考えていく。

第2部

Data
for
Design

デザインのためのデータ：

人からデータを考える

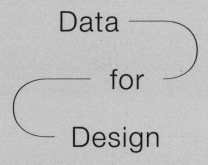

第4章

データも最後は人間中心

本章では、人間を中心としたデータ活用のビジョンを示す。非専門家がデータを扱い、そこから価値を導き出せるような社会環境はいかにデザインできるのか。人からデータを考え、データを社会に「浸透」させるための手立てを、市民データサイエンスの考え方を参照しながら紐解いていく。

4-1 これからのデータとデザインの関係性

天気予報は〈データデザイン〉の目指すひとつの理想的な姿と言える。気象データは一六〇〇年代に温度計や気圧計が発明されてから蓄積が始まったものだが、気象情報ほど人々の身近に存在しているデータはないだろう。ヨーロッパでは一八七〇年代に、日本では一八八四年に発表され、それ以来人々は気象予報を頼りに日々予定を立ててきた。二〇〇三年の調査(24)では、日本における天気予報の認知率は99・5％（無回答除く）と、ほぼすべての国民が認知している情報源と言える。また、予報利用率も98・7％（「時々利用する」以上の回答）と極めて高いことから、気象データがいかに多くの人の意思決定に寄与しているかがわかる。

では、なぜ多くの人が気象データを意思決定につなげることができるのか。意思決定のためには、①わかりやすく情報が提示されていることがまず重要となる。実際に気象庁が収集したアンケートでも、満足な理由の上位は予報の正確性よりも「利用しやすい」や「内容がわかりやすい」といった項目が並んでいる。天気予報は、雨雲の様子などと合わせて誰にでもわかりやすく、信頼できるかたちでデータが提示されている。そして、②次にとるべきアクションが明確である、ということも重要なポイントとして挙げられる。天気予報で示されるアクションは、傘の必要性や適切な服装など、具体的でわかりやすい。しかし、これらに加えて天気予報には、「③アクションをする本人が直接データを確認している」という一見当たり前に思える状況があることが、理想的なデータ活用を大きく後押ししている。これは要素として、現場の状況を理解している、と言い換えることができる。

現場の状況への理解がデータの理解につながる

二〇一七年頃、私はとあるプロジェクトで訪日外国人のデータを扱ったことがある。一般的に、往復や周遊をする旅行をラウンドトリップと呼ぶが、日本を訪れた外国人が持ち歩く携帯端末のGPS情報を市区町村単位で束ね、匿名性を担保したうえで地図上に可視化することで、どのようなパターンでラウンドトリップするのかの傾向を割り出そうと試みた。このプロジェクトでは、新しい観光プランの検討という明確なアクションが設定されており、かつ、集計や可視化によって年単位での傾向の変化もわかりやすく提示されていたにもかかわらず、なかなか次の一歩につなげられずにいた。あるとき観光業界の方に可視化結果を見てもらうと、「あぁ、そうそう、ここは最近新しい路線が開通したんですよ」という発言があり、そのエリアに対する施策が一気に具体的な話として浮かび上がった。

似たような状況はRESAS prototypeの開発中にもたびたび発生した。当時、潜在サービスニーズマップをさまざまな人に見せて回ったが、地元のエリアを見てもらうと、多くの場合「たしかに、このエリアは蕎麦屋が足りないね」といったような会話になる。ある時、さらに一歩踏み込んで「たとえば、このブルーのエリアに出店するといかがでしょう？」といったアクションを示してみたところ、

「あぁ、そこには大きな幹線道路があって、渡るのが大変なんだよ。だからブルーオーシャンに見えるけど、実はレッドかもしれないな。それより、こっちのエリアのほうが可能性があると思うね」といった、データからだけでは見えてこない現場のリアルな状況が浮き彫りとなった。もちろん、幹線道路などのデータも含めたシミュレーションをすれば、道路については加味できるかもしれないが、「なかなか開かない踏切」や「治安の悪いエリア」といったさまざまな事情によって、店舗の出店状況は影響を受けている。そういった背景を理解しながら、本当に店舗が不足している可能性があるエリアを絞り込むためには、現地の状況を理解している必要があるのだ。

天気予報の例に戻って考えてみよう。先ほど、「アクションをする本人が直接データを確認している」状況が意思決定において重要なポイントであると示したが、傘を持って出るかどうかを決めるだけでも、人それぞれ判断は異なるだろう。たとえば極端な話、玄関前から会社まで車で毎日送迎してもらえる人にとって、雨が降るという予報は傘を持って出るというアクションにはつながらないだろう。リモートワークが一般化した今では、天気予報を出社するか否かの判断につなげている人もいるのではないだろうか。もしデータができることがあるとすれば、家を出る時に「午後から雨が降るけど、傘はいらないの？」と声をかける母親のような立場までだろう。私も幼少期、何度「傘なんていらない」と言いながら元気に家を飛び出して、何度後悔しながらずぶ濡れで帰宅したかわからない。おかげで今では、毎朝シャワーを浴びながら「今日の天気は？」とスマートスピーカーに問いかけている。このように、データは「どう使ってもらうか」だけでなく、「誰に使ってもらうのか」といった「人」も加味したうえで提供の方法を考える必要があるのだ。

データは専門家のためだけのものではない

人間を中心にデータの活用を考える必要性は年々増加している。一昔前までは、データは専門家が使えればよいとされていたため、私自身も「専門器具を作っている」といった目線で可視化ツールなどをデザインしていた。しかし、昨今のビッグデータやＡＩといった文脈のなかで、データは急激に人々の生活に浸透していっている。その結果、デザイナーである私の仕事も、ただ「情報を整理してＵＩ／ＵＸを向上させる」ような仕事から、「データ活用をする人を観察する」といった、元来デザイナーが得意としてきた領域に変化してきているのだ。

同時に、データを取り巻く市場も変化し始めている。データを扱うためのツールにはＢ２Ｂのものが多く、処理速度や機能の数といったものが競争力となるため、ＵＸに対してはあまり言及されてこなかった。たとえツールを制作しても使用者が限られるため、「使いやすくするよりも、教育するコストのほうが安い」と判断されることがそのいちばんの理由だ。例外として、人材流動性の高い、たとえばアルバイトが毎週入れ替わるような現場では、ユーザビリティが効率に直結するため、ＵＩ／ＵＸの向上に対する投資対効果が見込めるが、多くの場合、処理速度や判定精度といった機能面に注目が集まる。しかし、最近ではＩｏＴデバイスをはじめ、身の回りのさまざまな機器からデータが収集され、還元され始めている。場合によっては、Ｂ２Ｂの商材に用いられるデータがＢ２Ｃのアプリから収集されるような例もあり、単純に市場が広がったというよりも、領域が混ざり、区別がなくなってきていると言える。

Column

B2Cのアプリからデータが収集され、B2Bで活用された事例として、株式会社Agoopの人流データが挙げられる。AgoopはSoftBankが100%出資する子会社として二〇〇九年に設立され、自分の周りのWi-Fiスポットを素早く検索する「Wi-Fiチェッカー」や、最寄りのラーメン屋を検索する「ラーメンチェッカー」を公開し、利用ユーザーの同意のもとGPSの位置情報を収集した（いずれも現在はサービス終了）。集められたデータはビッグデータとして集積された後に「流動人口データ」として販売され、さまざまな企業や自治体が購入可能にした。RESASの潜在サービスニーズマップも、Agoopから購入したデータを流動人口の一部として用いた分析を行っている。

データは「提示」から「浸透」へ

第1部では、データの活用を「探索」と「提示」という軸に沿って示してきたが、人とデータが近づいた今、データは提供者が「提示」するものから、生活に「浸透」させるものに変わりつつある。第1部で示してきた「データのためのデザイン（Design for Data）」の考え方では、いかにデータを人に受け入れてもらうかを課題としていた。そのため、データを中心に据え、可視化や分析といった技術や、信頼を得るための手法などを駆使して、人々を説得するようなアプローチを示してきた。そのため、インタラクティブなビジュアルインタフェースを用いて、分析によって「探索」をした結果をわかりやすく「提示」するVisual Analyticsのような考え方・ツールが登場したことも示してきた。

一方で、データが人に近づいたことにより、データは一方的に「提示」されるものではなく、仕組みとして社会に実装され、「浸透」するものへと変化してきている。そこで第2部では、人間を中心に据え、より深く観察しながら、データの社会実装を考えるデザインとして「デザインのためのデータ（Data for Design）」というアプローチをとる。デザイナーは、データについて深く理解したうえで、生活者を深く観察し、提供者と生活者の間に生まれる情報の非対称性に注意を払いながら、丁寧にサービスをデザインする。以降では、そんなこれからのデータとデザインの関係性を示していきたい。

4-2 市民データサイエンスが示す人間中心性

人間を中心としたデータとデザインの関係性を考えるうえで、二〇一八年にGartnerが定義した「市民データサイエンス」という概念が参考になる。市民データサイエンスは、統計学や高度な分析手法の知識、専門的なプログラミングのスキルや経験を持たないユーザーであっても、高度なアナリティクスによってデータから洞察を得ることができるというもので、まさに「データを誰が使うのか」という視点を持つ考え方だ（私が開発に携わったデータ分析システムdataDiverも、市民データサイエンスのためのツールであることからGartnerの調査を受けている）。Gartnerは、今後データサイエンティスト（データの専門家）が不足するなかで、多くの企業がデータサイエンスを取り入れるために、市民データサイエンスの促進が重要となるとしている。これは、企業だけでなく生活者へのデータの浸透を目指す本書のゴールとは多少異なるが、「データを誰が使うのか」という人間を中心に考える視点では同じ方向を向いていると言える。

Column

市民データサイエンスのもととなる考え方は「Citizen Science（市民科学）」として

一九九〇年代に米国のリック・ボニーと、英国のアラン・アーウィンによって提言された。これは、主にアマチュア科学者によって行われる科学研究を指し、たとえばバードウォッチング愛好家のような非科学者が、ボランティアとして科学的なデータ収集に貢献するような活動を指している。彼らは市民と科学の関係を、①科学は市民の関心や需要に応えるという側面と、②市民自身が信頼性のある科学的知識の生産に参加する側面、という二つの側面からなるとした。

Citizen Scienceでは、四つの段階で市民の参加を定義している。レベル1では市民がセンサーの役割を果たし、レベル2では市民が基礎的なデータの解釈も行う。レベル3では問題の定義やデータ収集にも市民が関与し、レベル4では市民と科学者が共同でデータの収集と解析を行う。市民データサイエンスでは、ツールの力を用いて市民をデータの収集から解析まで導くことを考えると、Citizen Scienceと同じような未来を目指していると言える。

データ活用の理想と現実

現在の一般的な営利企業におけるデータ活用の理想と現実（図42）を考えると、市民データサイエンスがこれまでとどう異なり、なぜ重要であるのかがわかりやすいだろう。

最初に理想的なデータ活用の姿を考えてみよう。まずは現場から網羅的なデータが①データ収集によって回収され、システムに蓄積される。そして、データサイエンティストは一元管理された全社データを②データ分析するなかで、これまで皆に認知されていなかった気づきをデータから抽出する。データサイエンティストが意思決定者に対し③分析結果報告をすると、意思決定者はこれにもとづいて、より確度の高い④施策実行に至る。その後、再度①データ収集により現場から集めた結果を分析することで、施策の効果を検証し、より効果的な施策を生み出していく。このプロセスを何度も繰り返すことで、次第に現場が改善され、業務全体が最適化に向かっていく姿が理想的なデータ活用と言えるだろう。

このプロセスにおいて、現実ではどのようなことが起こりうるだろうか。ここでは仮に、最悪の状態を想定してみよう。

まずは現場の①データ収集では、入力忘れや入力ミスにより、抜け漏れや表記ゆれが混ざったデータが回収される。この時点で、システムに蓄積されたデータは信用度の低いものになってしまう。さらに、データを収集するシステムが、支社ごとに微妙に異なった結果、②データ分析では、さまざまな場所にフォーマットの異なるデータが分散してしまい、それらの統合や、抜け漏れ、表記ゆれ等を修正する作業に膨大な時間を要してしまうだろう。また、組織が大きくなればなるほど、データサイエンティストが現場の状況を理解していないシチュエーションが生まれやすくなる。これまで言及してきたように、現場の理解なしにデータの解釈は難しく、その結果データの傾向を説明するだけの③

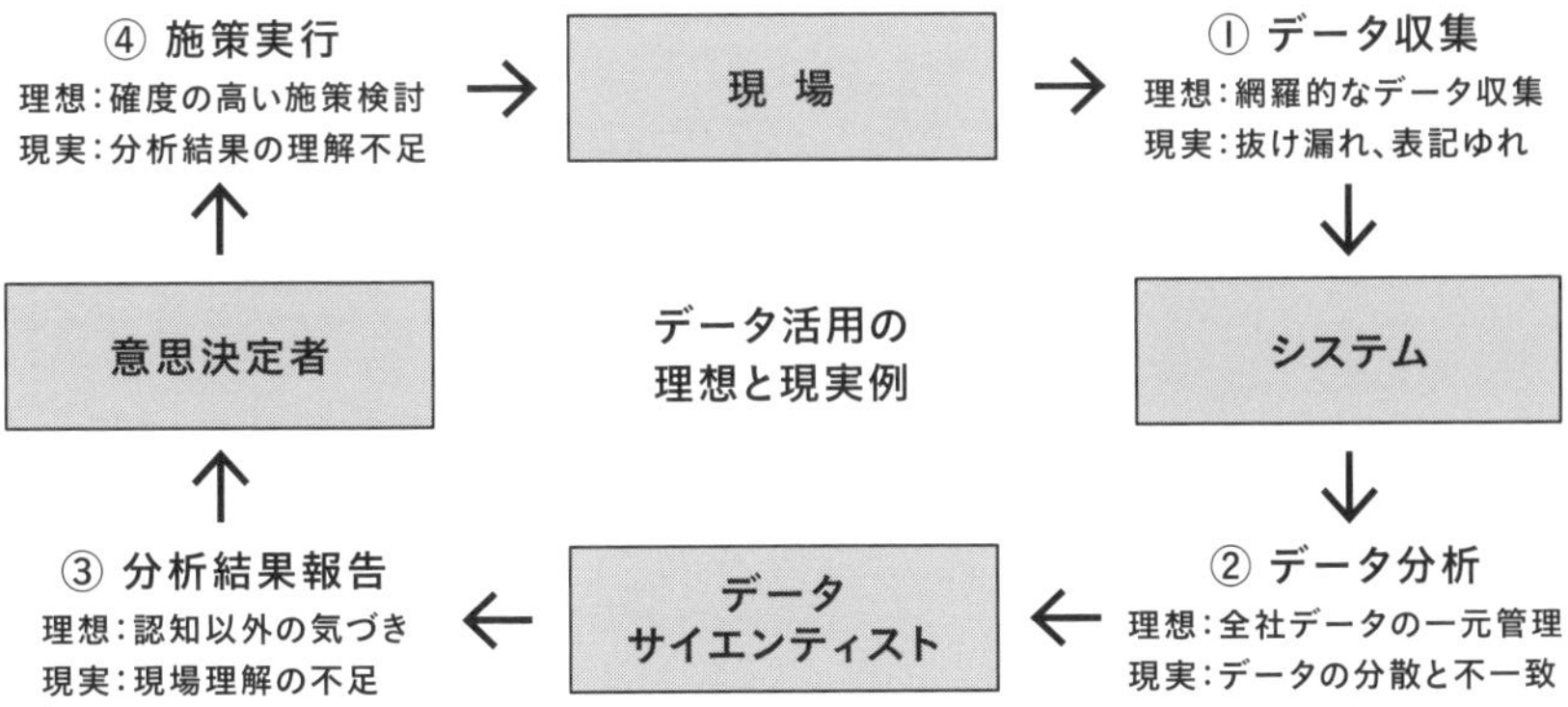

図42　データ活用の理想と現実例

分析結果報告となってしまう。運悪く意思決定者がデータに対するリテラシーが低い場合、報告された内容をうまく読み解くことができず、今まで通り感覚に頼った④施策実行が行われ、このプロセスが繰り返されることで、データの活用自体に対しても、意味を見出すことができないという結果に終わるような事態が発生する。

これは最悪のパターンを示したため、「さすがにそんなことはないだろう」と思われるかもしれないが、たとえば会社で毎週仕事のパフォーマンスに関するアンケートをとった時、果たして100％の人が期日までに回答してくれるイメージをもつことができるだろうか？　複数の拠点で管理していた顧客データを統合する時、本当にすべての項目がピッタリと揃うだろうか？　第2章でも述べたとおり、データ分析は多くの場合その労力の8割がデータの誤記や未入力、重複などの整備（データクレンジング）に費やされると言われている。データビジネスを立ち上げる前提でもないかぎり、先に挙げた問題点はどこの組織にも起こりうる問題なのだ。

Gartnerは、市民データサイエンスが求められる背景として、社会全体におけるデータサイエンティストの需要の増加と、人材の不足を挙げている。データが増え続けるなか、データサイエンティストが不足すると、自ずと上記のような問題が発生する可能性が高まる。市民データサイエンスの概念においては、ＡＩなどを活用したさまざまなシステムが複雑なプロセスを自動化し、高度な専門知識を持たない人々（市民データサイエンティスト）でもデータから洞察を得られる仕組みを提供可能とする（図43）。

市民データサイエンスのプロセスは、他にもデータサイエンティストによる現場理解の不足という大きな問題を解決する。これまでもたびたび触れてきたように、現場で実際何が起きているかを知らなければ、データを正しく読み解くことが困難であることが多い。以前、データサイエンティストが自社の割引セールの存在を知らずに、夏と冬に生まれる謎の外れ値（他の値から大きく異なる値）に悩まされていたという冗談のような話を聞いたことがある。前節で挙げた訪日外国人のラウンドトリップの可視化例なども、データからは傾向しか導き出せなかったが、現場を知っている人間が可視化された図を見ることで、具体的な示唆が導き出された良い例と言える。

市民データサイエンスの考え方では、ＡＩ等を駆使したツールが、８割と言われているデータの整形作業などを自動化し、かつ注目すべき相関をある程度事前に抽出することで、現場の従業員や意思決定者でも直接データから洞察を得られるような未来を目指している。現場の状況をよく理解している人間がデータを見ることで、場合によってはデータサイエンティストが分析するよりも具体的な打ち手につながる可能性が生まれる。たとえば、分析の結果「ＤＭを火曜日に送られていた顧客は売上げが〇万円高い傾向にある」と出た場合、現場の人が見れば「火曜日は斎藤さんがすべてのＤＭに手書きのメッセージを書いているので、他の曜日の担当者も書くようにしてみよう」という、次の一歩のための具体的な仮説を立てることもできるだろう。

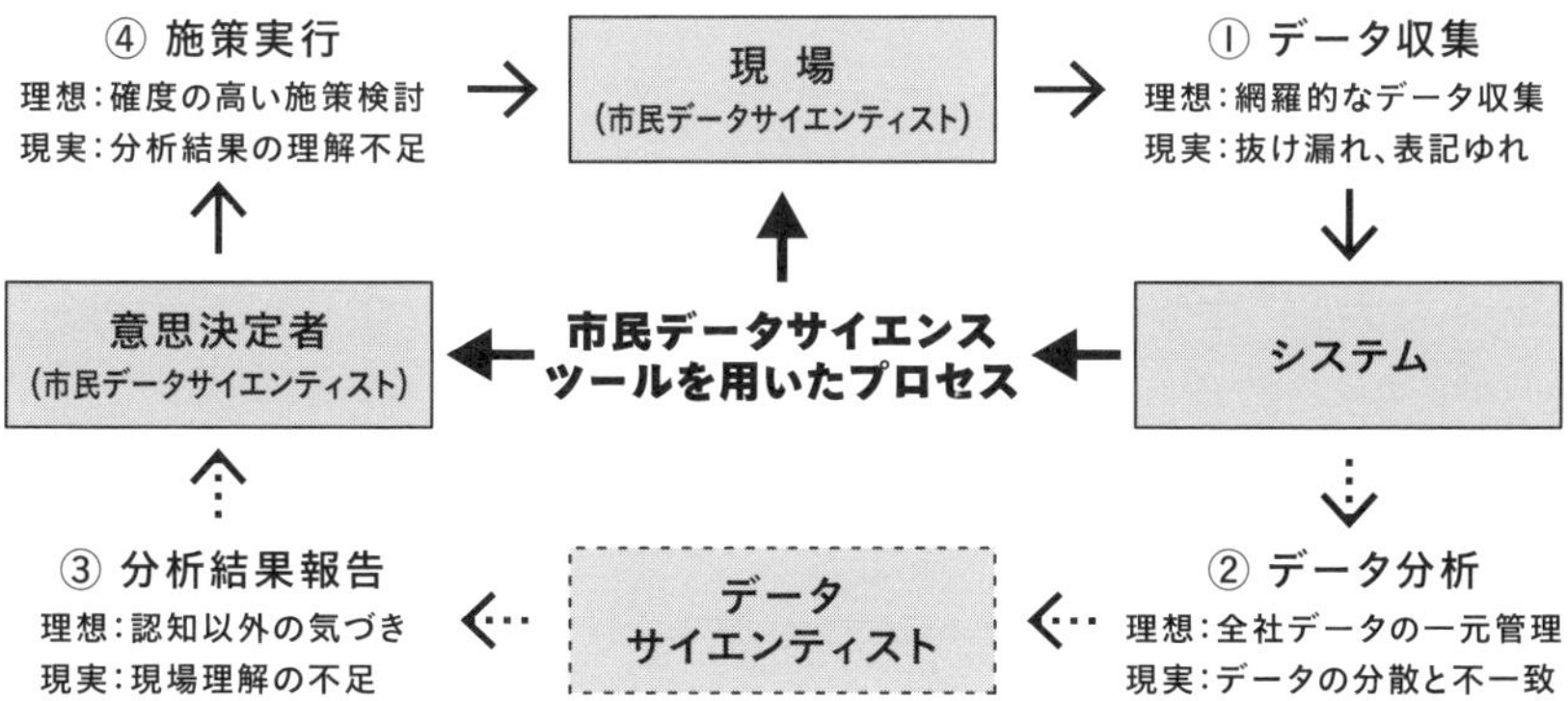

図43　市民データサイエンスの概念を用いたデータ活用

　このように、市民データサイエンスの人間中心的な考え方は、データサイエンティストが不足する現在、人材の不足問題の解決のみならず、データ活用において非常に大きな示唆を与えてくれると言えるだろう。

4-3 拡張アナリティクスの考え方

私は過去多くのプロジェクトにおいて市民が自由にデータを扱える世界観を目指してきたが、実現するためには超えるべき三つの課題が存在した。一つ目が、データの誤記や未入力の修正、集計単位の変更といった、「データ整形にかかるコスト」。二つ目が、年齢、性別、曜日、天候といった、膨大な量の説明変数を扱う際の「認知可能な次元数の限界」。三つ目が、複雑な結果を誰でもわかるかたちで表現する「適切な可視化の選択の困難」である。これらを乗り越えるために人工知能や機械学習といったテクノロジーを駆使して自動化する概念は、「拡張アナリティクス」と呼ばれる。以下、これら三つの課題に対する拡張アナリティクスの考え方を紹介する。

課題1：データ整形にかかるコスト

前述したように、データ分析と呼ばれる具体的な作業は、その8割がデータの整形に費やされている。データの未入力や誤記入の修正といったクレンジングの作業ももちろんあるが、データの分析では「顧客ごと」「店舗ごと」といった分析単位や、「週単位」「月単位」といった集計単位についても、さまざまな組み合わせを試しながら結果を確認する必要がある。たとえば「週単位」で分析しても何

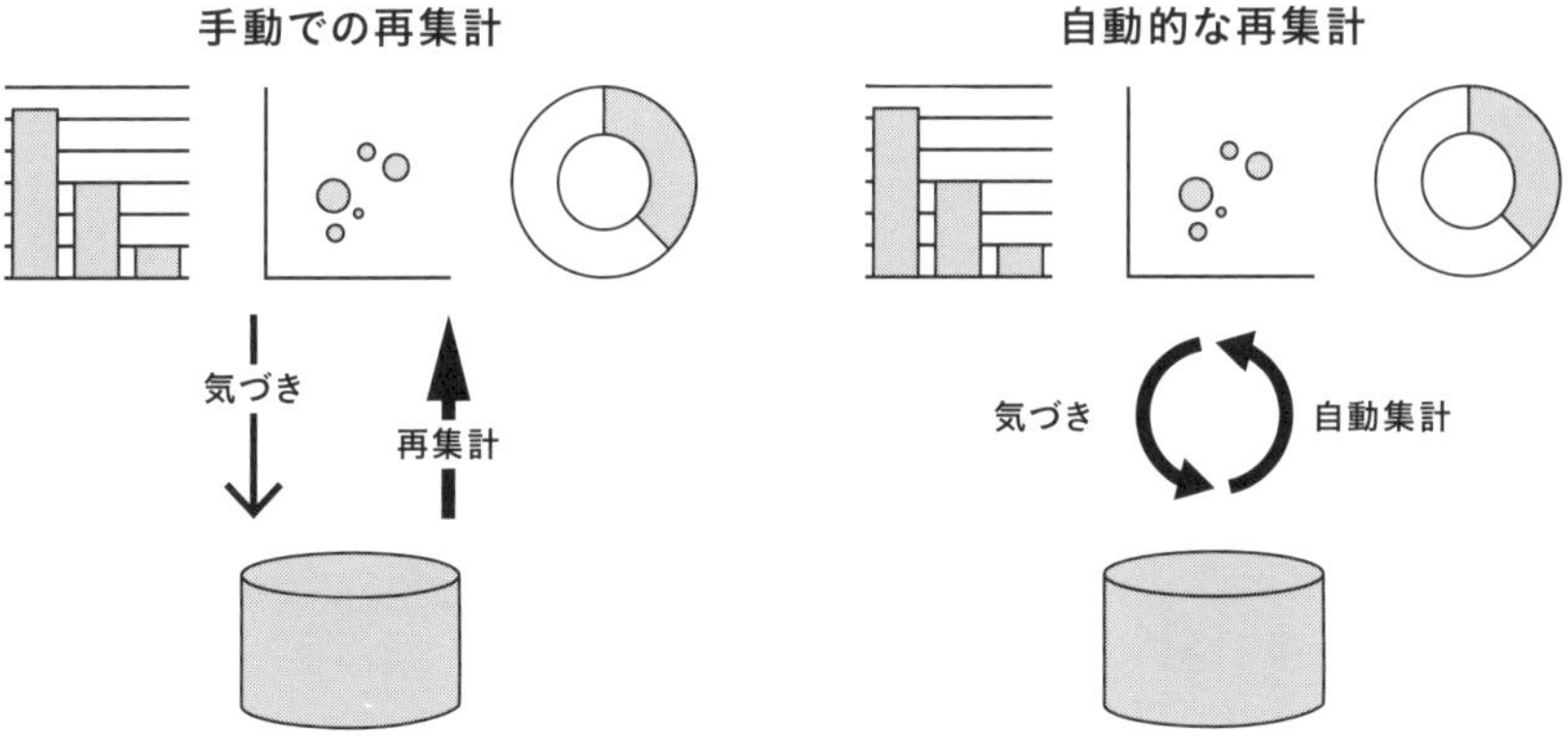

図44　自動集計による分析コストの削減と、気づきの促進

も特徴が見えなかったものが、「月単位」にすることで大きな傾向が見えてくることもあれば、逆に「平日」と「休日」に分けて分析をしないと特徴が現れないこともある。拡張アナリティクスの考え方では、このような再集計を自動化し、分析の試行回数を増やすことで、データからより多くの気づきを得られるようにする（図44）。

データの専門家ではなく、市民がデータを扱うことを前提に考えた場合、データの誤記入や入力忘れといったヒューマンエラーについても、できるかぎり未然に防ぐことが望ましい。たとえば、数値を入力してもらいたい項目では、ウェブフォーム側で数値以外を入力できないようなものにしたり、送信前に入力内容の確認を行い、未入力や誤記入に対してアラートを表示するような処理もするべきだろう。また、日報やアンケートといった、入力に対するインセンティブが低い要素については、適当な入力により正確な情報が集まらないこともある。それらを加味して設計することで、初めて自動化の恩恵が得られるようになる。

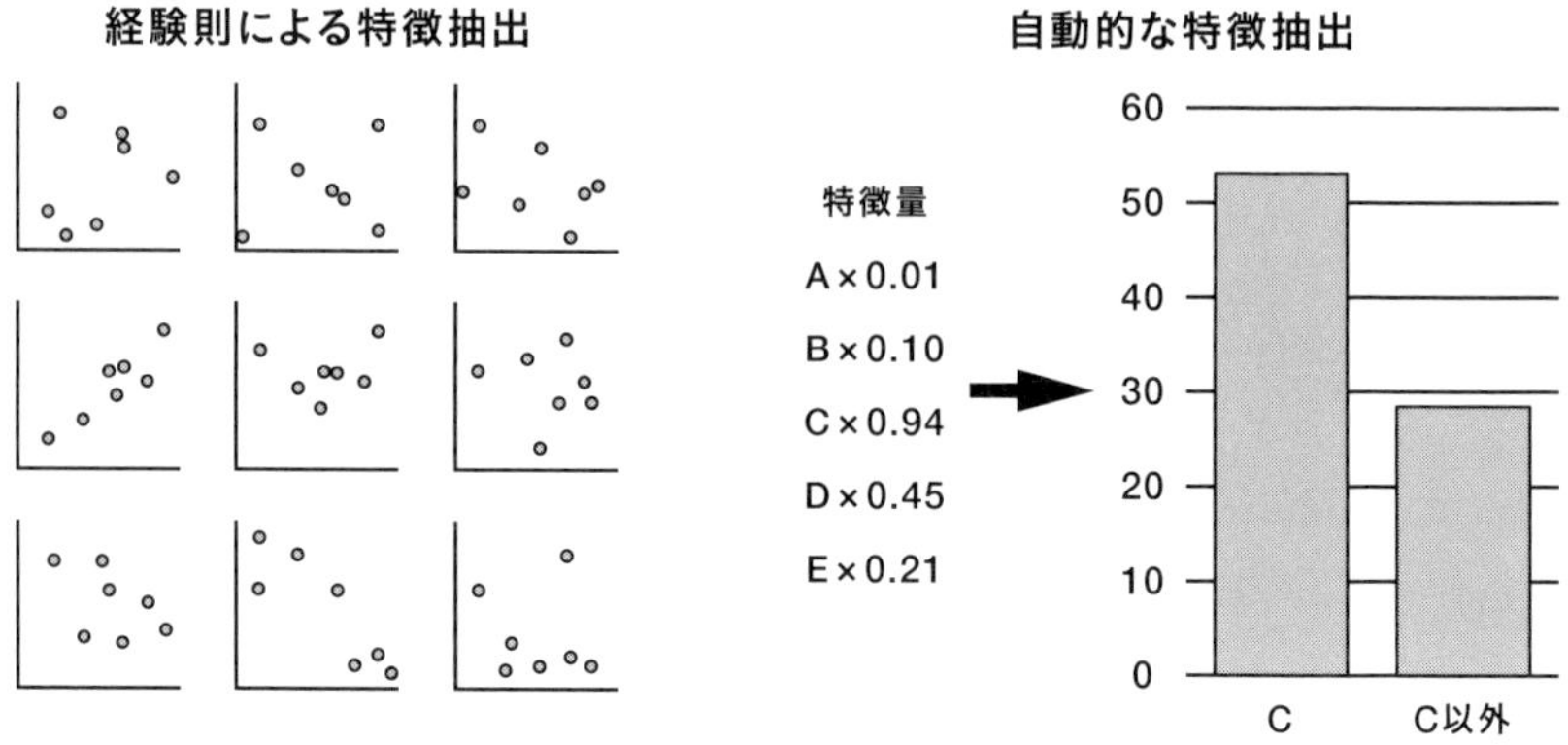

図45　特徴の自動抽出

課題2：認知可能な次元数の限界

第1章で「マジカルナンバー7」という言葉を紹介したが、人が認知できる限界数は7±2程度と言われている。実際にデータを集め始めると、年齢、性別、居住地、入会日、会員期間、最終購買日、購買回数など、扱う変数は簡単に認知限界を突破する。もちろん可視化しながらこれらから特徴を見つけ出すことも不可能ではないが、グラフで同時に扱える変数は2〜3種類で限界がきてしまう。複数次元の組み合わせからでしか見つけられないような複雑な傾向を、膨大な量の組み合わせから手作業で見つけ出すのは、それこそ専門家のデータサイエンティストによる職人技が必要となる。彼らは過去の経験や現場感覚からデータの特性ごとに特徴が出やすい組み合わせを仮説として持ち合わせているが、専門家でない人々にとっては実質不可能に近い。このような課題に対し、拡張アナリティクスの考え方では、ある程度自動で示唆につながりそうな組み合わせを抽出する（図45）。

多数の次元の組み合わせによって生まれた結果は、私たちの普段の生活からは馴染みのないものになることも多いため、わかりやす

SUMMARY OUTPUT								
Regression Statistics								
Multiple R	0.7266827144							
R Square	0.5280677674							
Adjusted R Squa	0.4637133721							
Standard Error	1550.681954							
Observations	26							
ANOVA								
	df	*SS*	*MS*	*F*	*Significance F*			
Regression	3	59194065.11	19731355.04	8.205620837	0.000753235526			
Residual	22	52901519.51	2404614.523					
Total	25	112095584.6						
	Coefficients	*Standard Error*	*t Stat*	*P-value*	*Lower 95%*	*Upper 95%*	*Lower 95%*	*Upper 95%*
Intercept	8144.024276	3162.149506	2.575470977	0.01725666507	1586.12761	14701.92094	1586.12761	14701.92094
square meter	42.27504784	9.627432627	4.391102953	0.000232079996	22.30897469	62.24112098	22.30897469	62.24112098
Station distance	-133.9242364	56.19673489	-2.383131985	0.02622910718	-250.4691309	-17.37934194	-250.4691309	-17.37934194
Coverage ratio	-18.23008964	44.81213806	-0.4068114227	0.6880771716	-111.1647754	74.70459617	-111.1647754	74.70459617

図46　専門家以外による理解が難しい分析結果

く翻訳して表示しなければ、理解してもらうどころか拒絶されてしまうだろう。たとえば一つの目的変数を複数の説明変数で予測する重回帰分析などでは、図46のように各変数ごとに係数（Cofficients）や標準誤差（Standard Error）等が算出されるが、このままでは専門家以外は理解できない。そのため、「DMの送付日時が七月のものが一件増えるごとに売り上げの合計は12,520円高い傾向にあります」といった文章に変換するなどの方法で、傾向を示すことで、現場の人でも「もしかして？」と思える状況を生み出す必要があるのだ。

課題3：適切な可視化選択の難しさ

人が現場の感覚を持たずに分析をするのが不可能なように、システムもまた、現場の状況がすべてデータ化されていないかぎり、データの傾向を示すことまでしかできない。そのため、システムは現場の人が理解可能なかたちで可能性を示し、最終的なデータの読み解きを使用者に委ねる必要がある。複合的な要因に基づく結果は、そのまま読み解くことが極めて難しい。既存のBIツール等では、

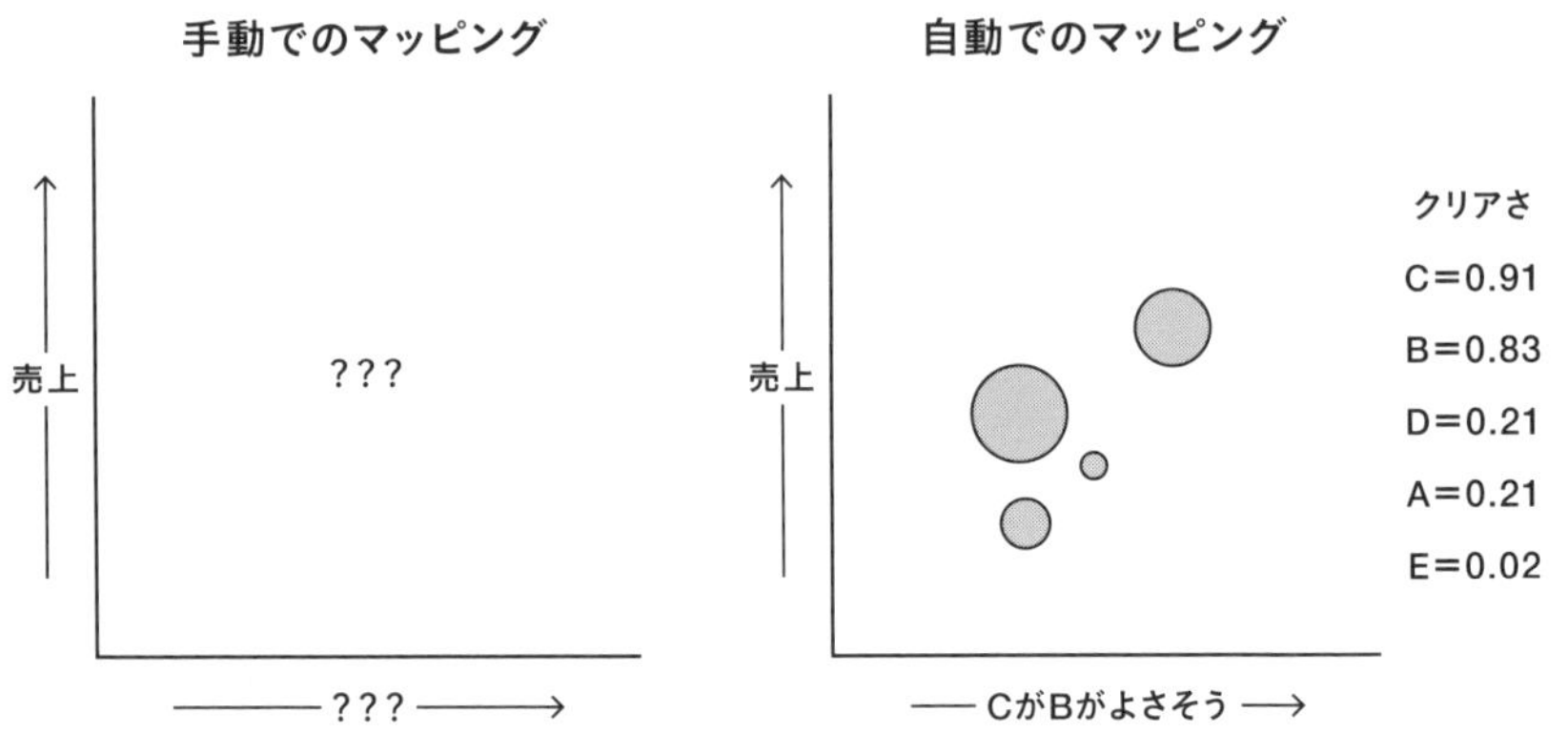

図47　拡張アナリティクスによる候補のピックアップ

たとえば「知りたい値」を縦軸に置き、「横軸を何にすればよいか」については人間が試行錯誤しながら探り当てるのが慣例となっているが、拡張アナリティクスの考え方では、「横軸を何にしたらよさそう」という候補が自動的にピックアップされ、適切な可視化（グラフ）で提示されることで、気づきのサポートがなされる（図47）。

4-4
誰が、いつ、どこで、データに触れるのか？

ここまで、市民データサイエンスで示された考え方をもとに、データ活用のあるべき姿を示してきたが、ここで本章のテーマである「人間中心」という部分に改めて目を向けていこうと思う。市民データサイエンスは、その求められる背景として、データサイエンティスト人材の不足が挙げられているが、本書で注目しているのは、「データを誰が使うのか？」という視点にある。市民データサイエンスは主に業務におけるデータ活用を支えるアプローチとして紹介されるが、ここでは「市民」と呼ぶものを、生活者の日常にまで枠を広げて考えていきたい。

誰のためのインタフェース？

データが多くの人に開かれる存在になるには、使う人を中心に据えたシステムやサービスのデザインが必要となる。近年、さまざまな分野でＨＣＤ（Human-Centred Design：人間中心設計）が注目されているが、データ分析という専門知識の塊を老若男女に浸透させるためには、今まで以上にインタフェースに目を向けなければならない。専門家から生活者まで、それぞれが慣れ親しむインタフェースの幅は実に広く、網羅して提供されるプロダクトはそう多くはないだろう。たとえば高齢者が薬を正しく服用するための記録や、処方の改善のための分析を行うには、薬箱の形をしたデータ端末が望ましいかもしれない。小学生が持つのであれば、見守りをベースに移動データや学習データを収集し、親を巻き込んだデータ活用が望ましいかもしれない。

したがって、誰がいつ、どうやって使うのかによって、求められるインタフェースは大きく異なる。たとえば、エンジニアであれば今まで通り、呼び出しも早く、自身でいくらでも挙動を記述できるCLI（Command Line Interface）が望ましいだろう。企業の営業担当であれば、エクセルのようなテーブルが馴染みもあり、抵抗感なく浸透するだろう。そういう人からは、複雑なツールであっても、最上部にA、B、Cと並んだテーブルが表示されるだけで安心感が得られるという声をよく耳にする。アパレルなどの売り場店員には、タブレットデバイスに表示されたシンプルなダッシュボードが望ましいだろう。最近はレジでもタブレットを使うことが多く、売り場にも馴染むだろう。家庭内では、それこそ天気予報のように、表示する画面が受け入れられるだろう。インテリアの一部として溶け込むことができれば、生活により浸透できる。このように、各々の生活環境に合わせてインタフェースを考慮する必要がある（図48）。

「誰が」を考えると、次に考えるべきは「いつ」や「どこで」といった部分だ。PCと向き合ってデータプロダクトを設計していると、ついディスプレイの前でマウスで操作する前提で考えてしまうが、まずはその視点を一度取り払う必要がある。たとえば我が家では、家計簿アプリを導入して、すべての銀行やクレジットカードをサービスに登録しているため、概ねリアルタイムにアプリから予算を確認できるのだが、生活のなかでわざわざ家計簿アプリで予算残高を見る時間なんてものは存在しな

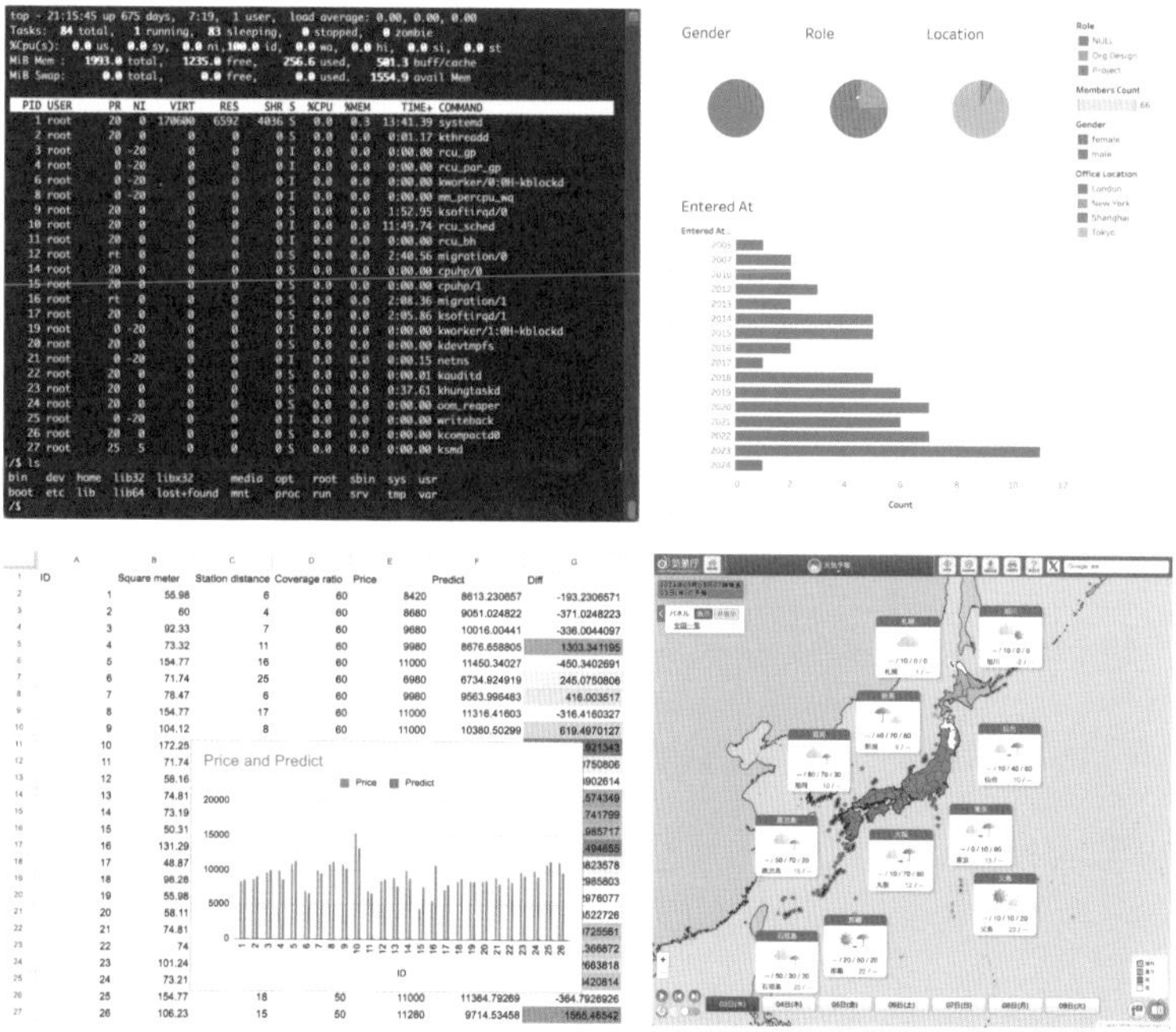

図48　生活環境に合わせたインタフェース

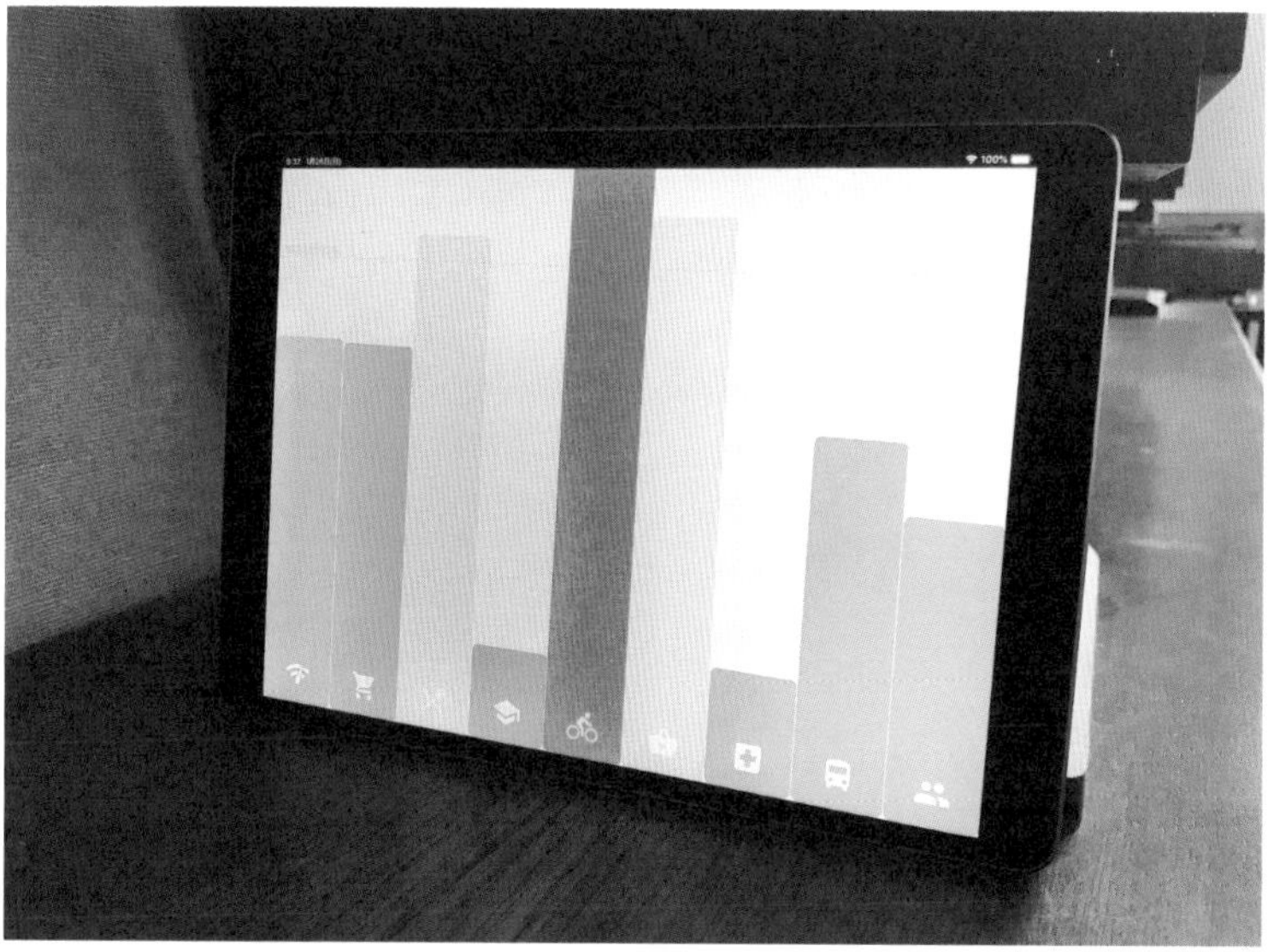

図49　リビングの片隅で示され続ける予算残高

かった。月に一度、夫婦で見直すタイミングはあったが、お金を使ってからでは遅いのだ。仕方なく、リビングの片隅に、月の予算残高を示すグラフを常に表示することにしたが（図49）、想定通り、赤いバーが目に入るたびに生活費の話題になった。まったく同じ機能を持つ画面がスマホのアプリにもあるのに、常に生活動線上に表示されているだけで予想以上の効果があることに、改めてインタフェースの重要性に気付かされたのだった（ちなみに、我が家においてこの方法は、「常態化」という大敵には敵わず、赤いバーが無視され始めたため、現在は別の方法を模索している。データの浸透にとって「常態化」は大きな問題であり、これもまたデザインしなければならない対象だ）。

データプライバシーの問題

データが私たちの生活に近づくうえで、忘れてはならないのが、データとプライバシーの問題だ。すでにスマートスピーカーやロボット掃除機といった数々のセンサーがインタフェースとして私たちの生活のなかに浸透し始めている。私たちは多くの利便性と引き換えに、生活のデータを企業に提供することになり、気が付かないうちにＡＩの学習に用いられるといったリスクを身の回りに置くことになっている。たとえば、自分の個人情報を何かの検索で入力した結果、ＡＩが自動的にそれを学習し、誰かの質問の回答として勝手に提示されていても何も不思議ではないのだ。

個人の生活情報や趣味嗜好までがデータ化されるなか、欧州を中心に、個人のデータの保護は基本的人権であるという認識が高まっていった。二〇一六年にＥＵ一般データ保護規則（ＧＤＰＲ：

General Data Protection Regulation）が制定されてから、二〇一八年には米国ではカリフォルニア州消費者プライバシー法（ＣＣＰＡ：California Consumer Privacy Act）、日本でも二〇二〇年に個人情報保護法の改正など、世界各国でデータプライバシーに対する法律が制定された。その結果、ウェブページ上でCookieの同意を求めるメッセージが表示されるようになるなど、次第に私たちが普段生活を送るなかでもデータプライバシーを意識をする機会は増えてきている。特にＡＩ技術の発展は、データプライバシーに対する線引きを曖昧にする可能性があるため、大きくとりあげたいところだが、本書の趣旨と乖離してしまうため、ここではあえて触れないことにする。

本書で触れておきたい部分としては、生活にデータが近づくことと、プライバシーが侵害されることは、必ずしも同義ではないということだ。データを扱うデザイナーがデータの利便性とリスクを正しく理解し、適切な管理のもと運用することで、利便性を失うことなくデータを扱うことが可能となる。これは、安全な場所に保管するといった話だけではなく、必要な時に必要なデータだけを回収するといった仕組みでも対応できることだ。たとえば台湾のLogboard社が開発したコロナのトラッキングシステムでは、個人情報を携帯電話内だけに保存し、接触追跡の調査がきた時だけ必要な情報への一度限りのリンクを生成する、といった仕組みが実装されている。生活者を中心として考えるのであれば、データを扱ううえでのリテラシーを正しく持ち、利活用環境がデザインされるべきなのだ。

4-5 データの「リアリティ」をつかむ

データ活用は、デザイナーにとってリアリティを持って向き合うのが非常に難しい分野である。特にソフトウェア分野においては、技術が加速度的に発展し、今日までできなかったことが明日にはできるようになっていたりする。そんななかで、デザイナーがその背景を正しく理解したうえで扱わないかぎり、いくら革新的なアイデアを提示したところで、実現不可能なSFの世界を描き出してしまうだけだろう。たとえば「AIが常に未来を予測して、最適な選択により社員を幸せにしてくれる」といったビジョンムービーが描けたとしても、それがいったいどのような仕組みによって実現するのかが不明瞭である場合、具体的な手法がすっぽりと抜け落ち、エンジニア任せになってしまうのだ。そうならないために、デザイナーはデータの「リアリティ」をつかむ必要がある。

データ自体のリアリティ

最初に向き合うべきなのは、もちろんデータそのもののリアリティだ。データにはそれぞれ特性がある。たとえば「位置データ」と一言でいっても、携帯電話のGPSデータと、コンビニやスーパーといった施設の位置データでは、大きな違いがある。まず、時間方向の密度として、GPSデータが緯度経度を分や秒といった単位でユーザーごとに記録され続けるのに対して、施設の位置データは年や月といった単位で更新される。そのため、収集範囲にもよるが、GPSデータが毎日数十〜数百メガずつ増加し続けるのに対して、特定の施設の位置データは数メガ程度で、ほとんど増えることもない。また、空間方向の密度にも大きな違いがある。GPSデータが数メートル〜数十メートルごとに移動を記録し続けるのに対し、特定の施設のデータは基本的に移動することがない地点として扱われる。こういった特性の違いを理解せず、一緒くたに可視化しようとすると、GPSはびっしりと点が並び、施設がまばらに点在しているだけで、そこから特に気づきが得られないといった結果になってしまう。このように、特性が異なるデータを扱う場合は、第2章で例として挙げた潜在サービスニーズマップやGeoDiverのように、メッシュ単位でそれぞれを集計し、単位を揃えるなどしてから扱う必要がある。

このようなデータ特性の理解はとても地味に思えるが、理想とするデータ活用の未来を描くうえではとても大切な一歩となる。データの特性理解はあくまで手段であり、その先に何を叶えたいのかが最も重要となるからだ。「バックキャスティング」という言葉があるように、データの活用においても、未来のゴール地点を描きながら、今できる一歩を考えるのは非常に有効だ。これは、データの特性や限界を正しく理解し扱うボトムアップ的思考と、実現したい未来を描いたうえでデータの活用方法を探るトップダウン的思考の両方が必要であると言い換えることができる。デザイナーからすると、何を当たり前な、と思われるかもしれないが、データを扱う場合、このボトムアップが蔑ろにされることが多いのが問題なのだ。紙や粘土で立体物を作ったことのある人は、途中で紙が歪んでしまったり、粘土が自重で崩れてしまう経験をしたことがあるだろう。いかにスタイリッシュな形状をイメージしていても、その素材に合わない表現をしようとすると、途端に崩壊してしまう。紙にはL字の構造が必要であったり、粘土には自重を支える最低限の質量を担保する必要があり、繰り返しその特性と向かい合うことで、理想とする表現に近い手法を選択できるようになる。データを扱う際もまったく同じで、それぞれのデータに適切な扱い方があるのだ。

描いた未来のリアリティ

未来を描くトップダウンの思考法は「Vision-Driven」と呼ばれ、既存課題に対するアプローチである「Issue-Driven」と分けて考えることが多い。戦略デザイナーである佐宗邦威氏は『直感と論理をつなぐ思考法』のなかで、これをさらに「0→1の創造」と「1→∞」の効率に分け、①ビジョン思考、②デザイン思考、③戦略思考、④カイゼン思考の四象限でまとめている（図50）。データ活用は、すでにあるサービスの効率を上げる用途に用いられることが多く、このマップにおける③戦略思考や④カイゼン思考との相性が良い。たとえば、データから仮説を構築して、既存サービスに対する新たな目標を設定するようなトップダウン的思考は、Vision-Drivenの③戦略思考にあたり、設定された目標に対してデータを用いた効率化のためのＰＤＣＡプロセスは④カイゼン思考と言える。一方で、データを用いた新規サービスの検討では、①ビジョン思考や②デザイン思考といった思考方法が必要となる。「ＡＩが常に未来を予測して最適な選択をする社会」といった発想は①ビジョン思考にあたり、

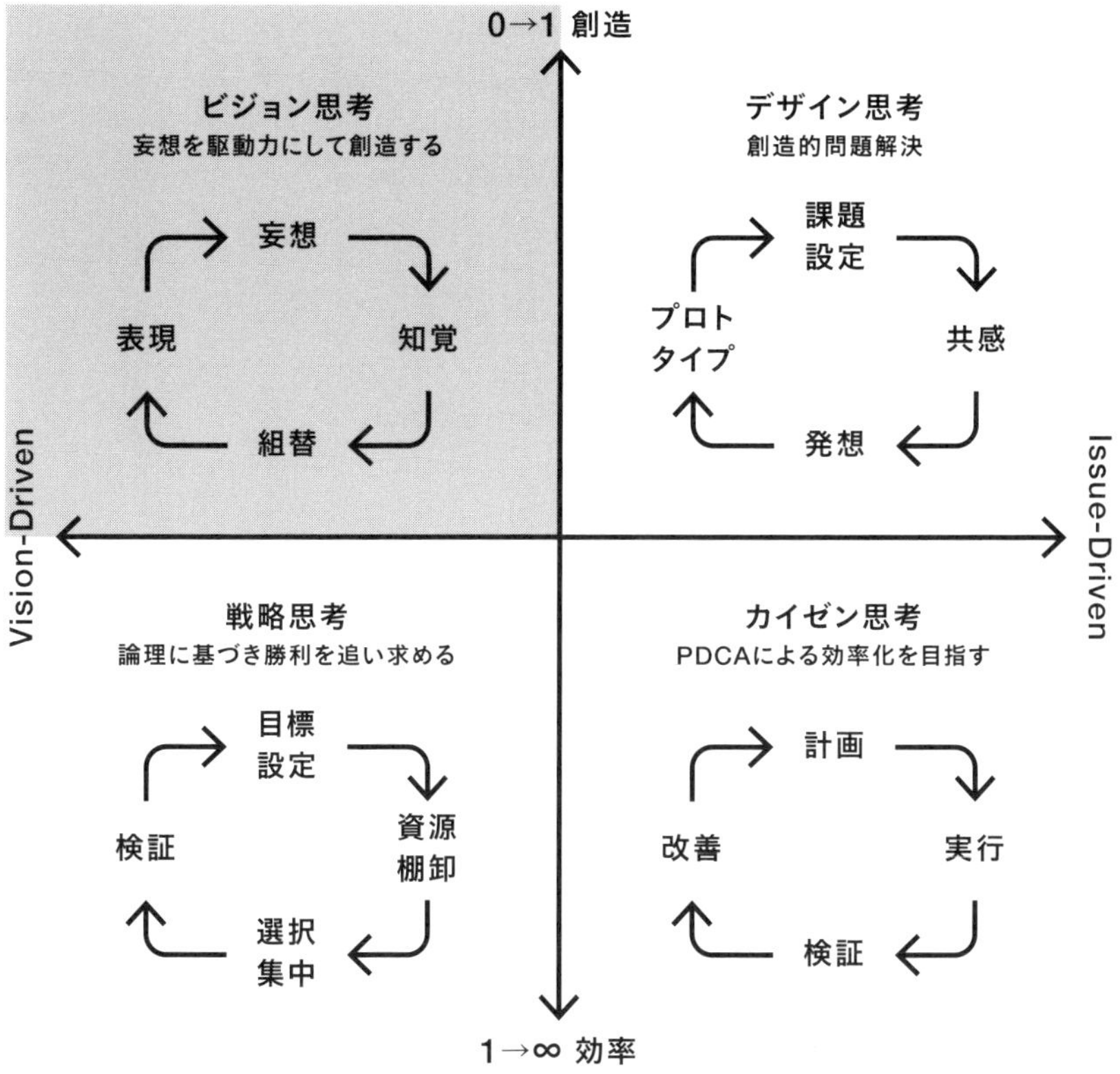

図50　佐宗邦威氏による「4つの思考サイクル」と「4つの世界」

その未来に向けて課題を設定し、プロトタイピングを繰り返すプロセスには②デザイン思考が必要となる。

この①ビジョン思考と②デザイン思考の接続において、デザイナーは実データを理解する必要が生まれる。データを扱うか否かにかかわらず、多くのイノベーティブなプロダクトやサービスは、まずビジョンが描かれ、プロトタイピングを繰り返すことで次第に具体化していくが、データを扱う場合であってもこのプロセスは変わらない。①ビジョン思考において、実現可能なギリギリの領域を描くからこそ、②デザイン思考で生まれるプロダクトに先進性が生まれるのだ。たとえば「紙のように薄いスマホを作りたい」というビジョンを描いたとしても、技術的制約を理解しなければ結局絵に描いた餅にしかならない。ハードウェアを作ろうとした場合、多くのデザイナーは感覚的に「さすがに紙の薄さにはならないだろう」といったリアリティを持ってビジョンを描く。この感覚こそが、ビジョンを具体化する時にとても重要な要素なのだ。そして、データという目に見えないものを扱う時に、デザイナーがこの感覚を持ちえるか否かによって、生み出されるアイデアがビジョンなのかＳＦなのかに分かれることになる。

Column

ビジョン思考と同様に、将来の可能性を探求するためのデザイン手法として、ＲＣＡ（ロイヤル・カレッジ・オブ・アート）の教授であるアンソニー・ダンが提唱したスペキュラティブデザインがある。文字通り、Supeculate（熟考・思索）し、現実に起こる可能性がある未来のシナリオを想定してプロトタイプを作成することで、人類が直面する多くの課題に対する可能性を探求する思考法だ。ＳＦがストーリーを中心に未来を描くのに対し、スペキュラティブデザインは想像力と創造性に重点を置きながら、可能性を探索して「問い」を生み出すことを得意としている。そのため、ＡＩと共存する未来を描くといった用途には適しているが、一方で実現可能性を検証することに重点を置いた手法ではないため、いま目の前にあるデータを使って実現可能であることを担保するような思考法ではない。

生活者のリアリティ

そして忘れてはならないのが、生活者としてのリアリティだ。先に紹介したすべての思考プロセスにおいて、人が関与する場合は常に生活者のリアリティを考える必要がある。３Ｄテレビや３Ｄプリンタ、ＶＲデバイスなど、さまざまな技術が登場するものの、日常生活には溶け込めずにいるが、これらの多くは生活のリアリティ不足がひとつの原因として挙げられるだろう。先に触れたように、私たちの生活のなかの「いつ・どこで」必要とされているのかを理解しなければ、いくら質の高いサービスでもうるさいだけのものになってしまう。

第3章では、人工知能を用いたデータサービスが信頼を得るためのデザインについて触れ、いかに計算の結果が正確であろうとも、それを提示する文脈によって、データが生活に受け入れられるかどうかが大きく変化してしまうことを示した。提示の仕方によっては、複雑な計算を用いた正確な結果をまったく受け入れてもらえないこともあれば、ほとんど計算をしていないほぼランダムな結果ですら、私たちの生活を大きく変える力を持つようなこともありうるのだ。

世の中にデータを浸透させるためには、データ以外にも多くの事柄を多面的に考える必要がある。朝、食事をしながら天気予報を眺めるように、データが示されるその裏側には各人各様の生活がある。今後多くのデータが生活に浸透することになるのであれば、これまで以上に生活自体をよりつぶさに観察し、リアリティを持って生活者に寄り添う必要があるのだ。

4-6

データから情緒的価値を生み出すには？

筆者が教えているデザイン科の学生にデータ活用の未来を描いてもらうと、便利で豊かな生活が描かれることが多い。前節で、データ活用は主に戦略思考やカイゼン思考との相性が良いと述べたが、実際企業や会社の効率化に用いられることは多い。そもそもデータ分析は、売上や会員数といった定量化された値をいかに最大化するかという考え方をする。そのため、漠然と「豊かさ」といった情緒的なキーワードからデータ活用を試みると、だいたいの場合壁にぶつかることになる。

ここでは筆者の経験を基に、データから情緒的価値を生み出すためのアプローチをいくつか紹介したいと思う。

直接的なアプローチ

データから直接情緒的価値を生み出そうとした場合、啓発的要素が強くなる傾向にある。たとえばジャーナリズムや企業のブランディングのためのデータビジュアライゼーションがこれにあたる。ジャーナリズムの場合、数値的な情報を情緒的に表現することで、本来数字に興味を持たない人にもデータを届けることが可能となる。同様に、企業のブランディングにおいても、会社のアイデンティ

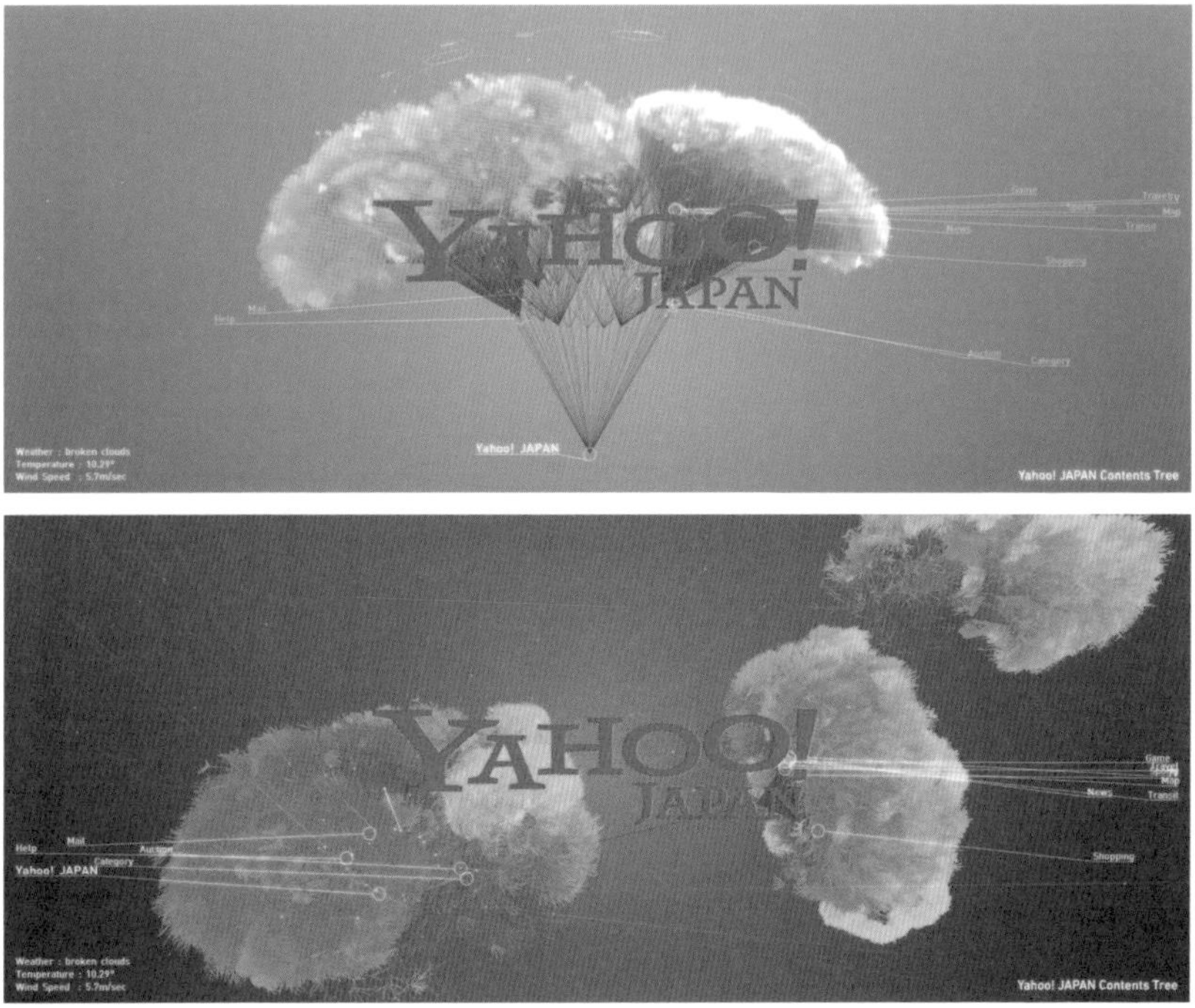

図51　Yahoo! JAPAN Contents Tree

ティをデータで語るような場合に力を発揮する。

二〇一七年にYahoo! Japanの本社エントランスに掲示された可視化作品「Yahoo! JAPAN Contents Tree」では、同社の持つ膨大なコンテンツ群を、文字通り木のようなビジュアルで可視化した(図51)。訪れる多くの人に、Yahooが「データ」と「情報技術」の会社であることを示し、日々変化するビジュアルは、同社が変化と成長を続ける企業であるというメッセージを発信することを目指した。同時にYahoo!で働く多くの従業員にも、自社がいかに膨大なコンテンツを扱っているのかをビジュアルで感じてもらおうという企画でもあった。

このように、データを直接ビジュアルとして扱うことによって、情緒的価値を生み出す方法がありうる。一方で、これらの手法は機能的価値を提供するものではなく、経済的効果を短期的に生み出すものではない。そのため、たとえばアート作品や、企業の認知向上を高めるような文脈で適切に社会に配置されることが望ましい。

間接的なアプローチ

先ほど「豊かさ」をデータ化することは難しいと述べたが、豊かさに通じる中間の指標を設け、それを数値化して最適化する方法がありうる。たとえば、豊かな仕事環境を「エンゲージメントスコアの高い社内環境」といった数値化できる指標で読み替えて、最適化を行うような方法だ。もちろん人は会社でのみ生きているわけではないので、会社のエンゲージメントスコアが高い人が豊かな人生を送っていると断言することはできないが、少なくとも何かしらの相関はするであろうという考え方だ。これが顧客である場合、「顧客対応の待ち時間を減らす」ことを目標とするような方法がありうる。米国の小売業者であるウォルマートは、データからピークタイムを予想し、顧客対応をする人員を最適配置することで常時円滑な顧客体験を提供し、顧客対応の時間をより充実したものにしている。

他にも、データによる最適化で、より豊かなサービスを提供する時間や予算を生み出すようなアプローチもありうる。たとえば、在庫を持つ小売店の場合、在庫管理にかかる時間は全体の10〜20％にもなると言われているが、データを活用して在庫管理を効率化し、削減されたコストを予算として顧客のコミュニケーションに充てるようなアプローチだ。たとえば、米国のスポーツ用品メーカーであるUnder Armourは、データを活用して販売状況、商品の問題、販売計画などをリアルタイムに最適化し、店舗に置ける顧客対応の品質を上げるなど、データから間接的に情緒的価値を生み出すようなアプローチをとっている。

このように、データ活用は直接利益を生み出すだけでなく、効率化の先に非効率を許容する世界を描くような活用方法もありうる。デザイナーの仕事は、意匠的な美しさだけではなく、それが配置される社会の仕組み自体もその対象としている。データがもたらす個別最適だけでなく、意匠やコミュニケーションなども含めた、私たちの生活の全体最適をデータから導き出すことが求められている。

4-7

社会への実装に向けて

第1部において、データの視点から実装を考えた場合、データ活用は「探索」と「提示」で構成されていることを示した。これはデータ保持者がデータから示唆を導き出し、その結果をいかに他者に伝えうるかを模索することを前提とすれば、自然な構造だと言えるだろう。データは何かしらのサービス提供者が収集し、プライバシー等への配慮から直接一般に公開されることは基本的には少ない。その結果、提供側と消費側の立ち位置が自然と決まり、生活者は「提示」される立場に収まってしまう。

しかし、繰り返し言及してきたとおり、社会にデータが溢れ、人とデータが近づいた今、データは提供者が上から一方的に「提示」するものではなく、私たちの生活のなかに「浸透」しうるものに変わりつつあるのだ。これは、建築家たちが街を単なるシステムとして捉えるという思考パラダイムから、生活する「人々」の視点に立って都市を理解しようとする、より人間中心の思考へと移行する社会的・思想的な潮流とも近い。この変化は、単に建築の技術的側面からだけでなく、都市の使い手である市民の日常生活や経験に寄り添う、共感的なアプローチへのシフトを意味している。

Column

二〇二〇年、私が所属しているTakramで、ネコの視点から都市を見直すリサーチプロジェクト「東京計画2020：ネコちゃん建築の5656原則」を隈研吾氏とのコラボレーションで制作した。これは、一九六〇年に丹下健三氏による「東京計画1960」が、上空から街全体をシステムとしてデザインした行為に対するアンチテーゼとして発表された。「いまの時代、都市についてなにかを提案するとしたら、高度経済成長期のように都市を上から見るのではなくて下から見るべきである」という隈氏の言葉をもとに、東京・神楽坂でのフィールドリサーチや、ネコ専門獣医など専門家へのインタビューを行ないながら、ネコの目線から見た都市計画を目指したものだ。プロジェクトが始まると、私はカメラを片手に、繰り返し神楽坂の街へと赴いた。実際にネコの生活を追ってみると、道を歩くだけでなく、塀の上から家と家の隙間に入り、雨樋を伝い隣の家の屋上に。その場で30分休憩したかと思えば、そのまま室外機を足場に壁を駆け下り、フェンスを伝って裏道へと抜けていく。自由奔放

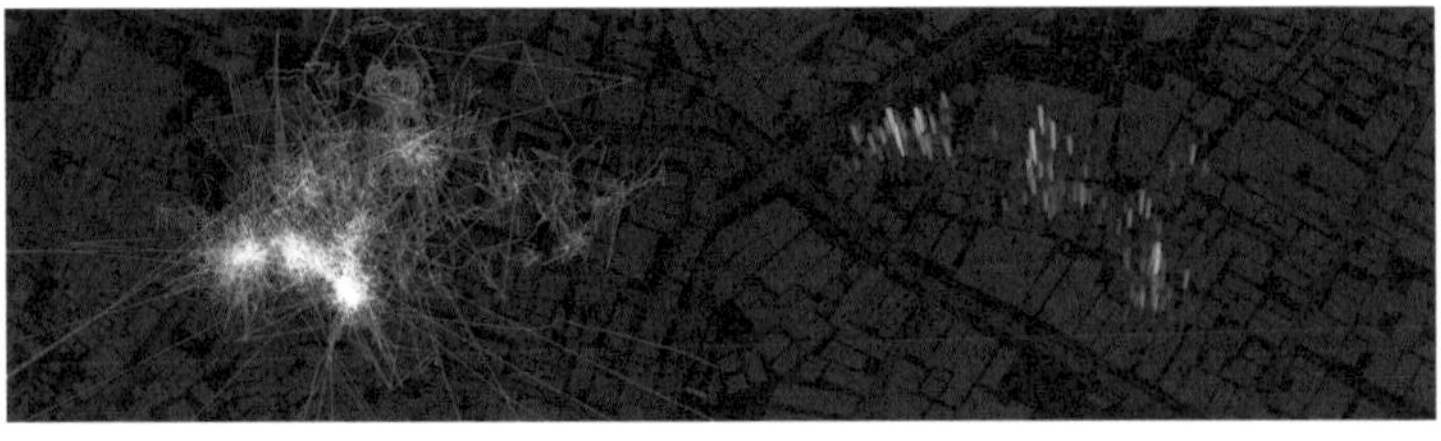

図52　ネコの首輪に付けたGPSログの可視化

に駆け回るネコたちの生態を知るには、密着取材では足りず、地域猫の飼い主に協力を仰いで、市販の小型ＧＰＳモジュールをネコの首輪に取り付けてもらった。一週間ほどしてデータを回収すると、そこには人間のつくった道を「線」として使うことなく、一帯を「面」として活動する、ネコ視点での都市の姿が広がっていた（図52）。データを介して、改めて「ネコの視点」で都市を眺めてみると、現在の都市計画が、当然ながら人間の生活や活動を中心に設計されていることに気づかされた。このプロジェクトは、データ活用をテーマとしたものではなかったが、ちょっとした工夫でデータを手に入れることで「人間が知らず知らずのうちに自分たちがつくってきた区画や制約に縛られて生きている」という、これまでにない新しい視点を得ることができた。

この大きな視点の変化に伴い、デザイナーはデータを「いかに示すのか」ではなく、データを「どう社会に実装するのか」を考える必要が生まれる。「市民」である生活者全員がデータサイエンティストとなり、生活者の目線からデータを見つめることができれば、これまで上空からでは見えなかった多くの洞察が得られることだろう。これは、マサチューセッツ工科大学のメディアラボが「とにかく作って動かせ」という意味から「Demo or Die」という標語を作ったが、時代の変化とともに「Deploy or Die」と改め、社会への実装こそが重要であることを示したように、データにも同じような変化が求められていると考える。そして社会への実装こそ、われわれデザイナーの得意領域であり、役割であるのは言うまでもない。

＊＊＊

本章では、第1部から大きく視点を変え、人からデータを考えること、すなわち人間を中心に据えたデータ活用のための考え方について紹介してきた。データの活用が生活者の手に委ねられることで、どのような変化が訪れるのかについて、概念的には理解いただけたのではないかと思う。次の第5章では、本章で紹介した概念に対して一歩踏み込み、具体的にどのようにサービスをデザインするのかを紹介していく。

第5章

人とデータをつなぐデザイン

本章では、前章で示した人間を中心に据えたデータ活用の考え方を、具体的なサービスに落とし込んでいくためのプロセス、その体験設計における障壁と乗り越え方について触れていく。

5-1

「体験」から「モデル」、そして「プロダクト」へ

私はさまざまなプロジェクトで優秀なデータサイエンティストと共に新しいプロダクトを生み出してきたが、彼らは共通してビジネスや現場のリアリティを各々の中に持っていた。だからこそ、トップダウンの思考プロセスを通じて、膨大な量の相関関係から、より因果関係に近い気づきを導き出すことができる。たとえばアパレル業界で七月に特徴的な結果が出た場合でも、業界のリアリティがわかっていれば、「この業界は夏物セールがあるから、これは普通のことだな」とわかるのだ。

今後、私たちの生活にデータがさらに近づいた時、セールのような画一的な動向が見込めないような領域に踏み出す必要がある。特に0→1で新しいモノを作ろうとすると、仕様書が書けない。当然データをどう活用するのかについても誰も答えを持っていない状況が生まれる。そういった状況でこそ、前章で挙げたビジョン思考やデザイン思考といった思考法が求められるのだ。デザイナーは、これまで培ってきた生活者のリアリティを持ちながら現場を観察し、新たな気付きを得ることで、プロダクト化への道を切り開く必要がある。

現場を体験することの重要性

私はデータを用いるプロジェクトを開始した場合、まずはなによりも現場を体験するようにしている。オンラインサービスなどの場合は、運用中のサービスやそのプロトタイプなどがこの場合の「現場」にあたる。「三現主義（現場・現物・現実）」という言葉があるが、私はまず「現場」に行って「現物」を手に取り、「現実」と向かい合い、各現場のリアリティと向かい合う。デザイン思考に触れたことがある方であれば、「ああ、デザインリサーチね」と思われるかも知れないが、データを扱う場合においても、現場の把握がなによりも優先して取り組まれる課題であると言える。そして、場合によってはこの段階で、想像すらしていなかった現実がちらりと顔を覗かせるのだ。

二〇一七年頃、とあるDXのプロジェクトにおいて、私は湾岸の物流センターで現実と向かい合っていた。当時はまだ「DX」という言葉が世の中に存在していなかった時代。物流の最適化のために、これまでの仕事をデジタルに置き換えるべくリサーチをしていた。最初に目にした現実は、今でも脳裏に強く焼き付いている。リサーチ前にある程度現場を想定して、ワークフローをイメージしてから現地に赴いたのだが、そこには、両耳に受話器を当て、メモを取りながら極めて複雑な調整をしている現場担当者の姿があった。たとえば「Aさんが体調不良のため、近くにいるBさんのトラックを使いたいのだが、容積が少し足りない。Cさんの大きなトラックは匂いがついた資材を運んだためしばらく食品は運べないので、BさんとDさんのトラックで分散できないか」といった具合だ。この短い会話ひとつとっても「急な予定変更」「近傍のトラックの検索」「運搬容積の確認」「運搬物の品質担保」「運搬物の分散輸送」といった極めて複雑なパズルが存在している。シンプルで美しい設計のシステムを検討していた筆者らは、当時現場で深い溜息をついた。

物流のように大規模なシステムでなかったとしても、現場で使うシステムを構築する場合、実際にその場所でシステムを使ってみるのがいちばんだ。ゼロからデザインするシステムであれば、類似のシステムを利用が想定される場所で使ってみるとよい。私が以前携わったプロジェクトでは、車での移動中にGPSデータを用い、周辺施設の情報を閲覧するという体験をデザインした。まずは、似たような機能を持つアプリを携帯電話でダウンロードし、タクシーに乗りながら実際に体験してみた。意気揚々と飛び乗った筆者らを待っていたのは、普段は気にも留めなかった揺れと、それによって引き起こされた激しい酔いであった。普段からタクシーで携帯電話を見ていた私は、コンテンツの違いひとつでこんなにも乗車体験が変わるのかと改めて気付かされたのであった。そして、そのプロジェクトのコンセプトには、デカデカと「酔わない仕組みが必要」と書かれた。

体験からモデルへ

「体験」により多くの絶望を味わった後に、向き合うべき対象は「モデル化」である。これは「数理モデル」とも呼ばれるが、体験した特定の動きや現象を数式に置き換えて表現したものを呼ぶ。より現実世界に則した数理モデルが解明されれば、その数式に条件を与えることで、現実世界をシミュレーションすることができるようになる。

Column

数理モデルとして有名なものに、ニュートンの運動の第二法則（運動方程式）が挙げられるが、質量mの物体が加速度aで動いている時に働く力をFをすると、ma=Fという式が成り立つ。上向きに座標系yを取った場合、速度は時間tに対する微分dy/dtで、重力加速度をgとした場合、dy/dt=-gtというモデルが成り立つ。この式に地球上の重力加速度である9・8㎨を代入することで、落下している物体が特定の秒数の後どこにいるのか、というシミュレーションが可能になる。

体験した複雑な状況を、記録されたデータからモデル化し、味わった体験をデータからシミュレーションできるようになれば、その状況に陥ることをシステムで避けたり、事前に注意を促したりという介入ができるようになる。たとえば車のアクセルやブレーキのかけ方と事故の発生との間の相関関係をモデル化できれば、全国で事故の起こりやすい場所を割り出し、事前に対策を打てるようなイメージだ。

実際にデータサイエンティストと共に働くと、このモデル化の部分に多くの職人技を見ることになる。一緒に体験した「あの瞬間」や、過去に経験した「あの現象」を数理的に導き出すために、彼らはあの手この手で数字と向き合うのだ。ある時は正解データを作り、ニューラルネットワークに学習させて判定したり、またある時はPCA解析などにより特徴量を抽出し、新たな合成変数を作成して判定したりする。このとき、データを日にち単位で集計するのか、時間単位で集計するのか、といった単位の違いによっても、特徴が出たり出なかったりする。そのようなタイミングで、「あの現場は曜日単位で担当者が決まっていそうだったから、曜日を説明変数として分析しよう」といった具合に、体験とモデルとをつないでいく。

このモデル化は極めて複雑なこともあれば、恐ろしいほどシンプルなこともある。たとえば、特定の値が一定以上に達した際、全員に警告のメッセージを発信するようなシステムの場合、単純にしきい値を定めればよいだけであったりする。もちろんそのしきい値を決めるために複雑な計算を用いることもあるが、そう複雑な状況にはならないことが多い。複雑に解こうと思っていた問題が、実は特定の値を監視するだけでよかった、ということも過去に何度か経験している。モデル化は手段であって目的ではないことに注意してほしい。複雑であればあるほど、プロダクト化した際に理解が難しいものになったりもするので、手段と目的を取り違えないようにすることが重要であると言える。

モデルからプロダクトへ

モデルが完成した段階で、プロジェクトは佳境に差し掛かる。何度も繰り返し述べてきたが、いくら正しい結果を計算できていたとしても、現場でその結果が信頼されなければ、誰もデータから次のアクションを生み出さないのだ。実際筆者らが制作したモデルも、検証するまではモデルに対する信頼性は極めて低い。もちろん予測精度が担保されているかを数値的に検証するが、なにより体感として納得度のある結果が提示されているかどうかについて、ユーザーテストを繰り返しながら検証する。

5-2
データサービスのUX構築プロセス

ここからは、「人からデータを考える」ことを大切にする場合において、筆者がプロジェクトで用いるUX構築プロセスの例を段階ごとに示していく。本書ではUXに絞って話をするため、それ以外の要素に関しては省略されているという前提で読んでいただきたい。サービス全体をデザインする場合、実際には並行してビジネス構造のデザインや、サービスブランドのデザインといった、さまざまな要素が絡み合い、相互に干渉しながらプロジェクトが進行することとなる。

プロジェクトはまず「データリサーチ&アイデア創出」「プロトタイプ&コンセプト構築」「サービス構築&リリース」の大きく三つの段階に分けられる。これらのプロセス（図53）は、自分たちですべてを手掛けることもあれば、クライアントや開発ベンダーと分担しながら進めることもある。また、手掛けるプロダクトやサービスが、どのような環境で用いられるものなのかによっても手順は異なるが、ここでは屋外で位置情報等を用いるスマホアプリを想定して紹介したいと思う。

データリサーチ&アイデア創出

データリサーチとアイデア創出の段階では、実際のデータや現場を見ながら、プロジェクトのゴー

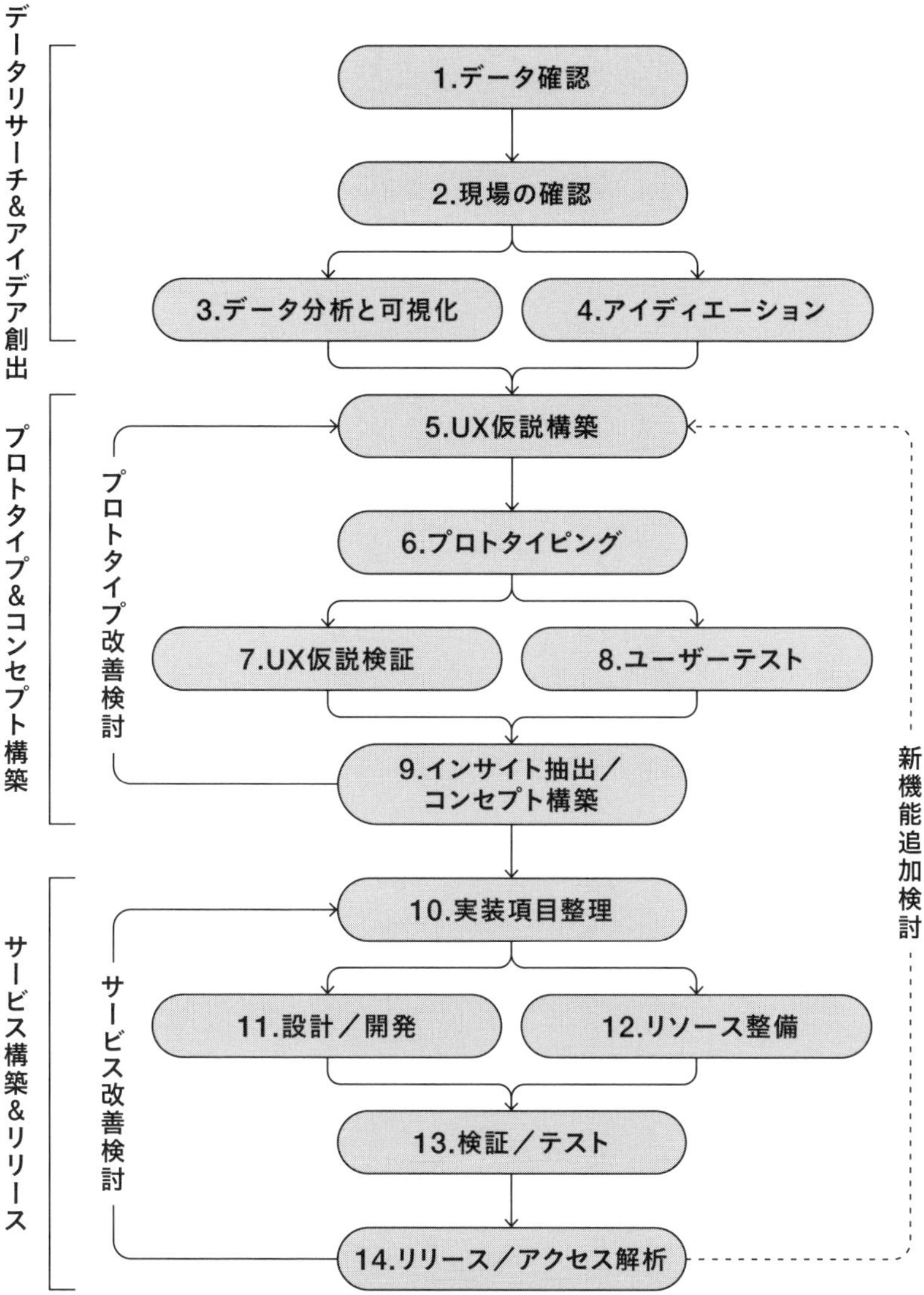

図53　データサービスのＵＸ構築プロセス

ルとなる理想像と、目の前のデータから得られる現実的な分析結果を常に行き来しながら、サービス全体の輪郭を掴む。この段階を終えると、ある程度データからサービスが実現可能であるという目処が立ち、具体的なアイデアとともにプロトタイプの実装に向かうための準備が整う。

1. データ確認 どんなプロジェクトであったとしても、データを扱う場合はまず現在手元にあるデータの確認を行う。次節で詳細に触れるが、「データの準備」が全体を通じて最初のポイントとして立ちふさがる。多くの場合、短くても半月程度準備に時間がかかるので、プロジェクトの開始前にデータの準備を始めてもらうことが多い。

2. 現場の確認 外で使うアプリなどの場合は、実際に使用が想定される場所に想定されるタイミングで訪問する。もし似たようなサービスなどがある場合は、それらをスマホにインストールしたうえで訪問し、実際に体験することで、ニーズや課題感をあらかじめ抽出する。これは第二のポイント「メカニズムの解明」をスムーズに突破するために重要なプロセスと言える。ウェブ上で使うサービスの場合は、単純に類似サービスを体験するだけでも多くの知見が得られるので、まずは体験するとよい。

3. データ分析と可視化（ボトムアップ） データが手元にあるなら、まずは集計を繰り返しながらデータの特性を理解する。そして、現場の確認で得られた体験を基に、データが持つメカニズムを解明する。たとえば作るものが「その人が、その時その場で求めているレストランを紹介する」というアプリだった場合、「2. 現場の確認」の際に、どんな条件からであればその時の気分に合ったレストランを推定できるか、といった具合に、体験から仮説を立てながら分析を行う。また、数値の羅列からではデータの構造が見えづらい場合は、データを可視化しながら、目的となる特徴量をデータから探索する。このプロセスは「4. アイディエーション」と平行して実施することで、プロジェクトのゴールをイメージしながら探索をすることが可能となる。

4. アイディエーション（トップダウン）　アイディエーションは、「3. データ分析と可視化」と平行して実施することが多い。たとえば、「過去のレストランへの滞在履歴やその価格帯、周辺のスポットの傾向等から、その人をプロファイリングできないだろうか」とか、「食べたい物は気温と湿度で変わりそうだ」といったアイデアや気付きが生まれるのと同時に、「GPSデータから滞在を判定できそうか」とか、「気温と湿度はどの粒度で手に入れられそうか」といった、データ側の制約をチラチラと横目で確認する。プロジェクトでは、この時期に、サービスの理想像を議論するトップダウン的な思考と、実際のデータを集計・分析するボトムアップ的な作業を何度も繰り返すことで、実現可能性をある程度担保しながらも、極めて幅広い可能性にアプローチすることが可能となる。

プロトタイプ&コンセプト構築

プロトタイプとコンセプト構築の段階では、前の段階で検討したアイデアを実際にプロトタイプとして実装し、体験価値をコンセプトとして定着させる。この段階では、プロトタイピングと検証を何度も繰り返すなかから、新たな体験価値を模索するような構造になっている。これは、独自のデータを用いたサービスの場合、まだ誰も体験したことのない未知のUXが求められる可能性が高いためだ。たとえば、「グルメ検索アプリを作ろう」というだけであれば、既に世の中にはさまざまなサービスがあり、ある程度知見が蓄積されているため、最初からサービスの全体像を描くことが概ねできるだろう。一方で、「GPSや天候といったデータを基に、今食べたいモノを紹介される」といったサービスの場合、誰にとっても未知の体験であり、想像がつかないため、「作って体験」しなければその価値がわからないのだ。もちろんデータを扱うサービスに限らずプロトタイピングは重要ではあるが、データを扱うサービスの場合、インタラクティブ性が体験価値に直結することが多いため、特に「作って体験」の繰り返しがより重要であると考えてほしい。

5. UX仮説構築　開発前に最適解が得られないUX構築では、「こうなれば嬉しいはず」といった仮説を立ててからプロトタイプを簡易実装し、実際に体験しながら改善を繰り返すようなプロセスが適している。そのためには、闇雲にアイデアを実装するのではなく、まずはUXの仮説を構築する必要がある。たとえば「食事履歴や、シチュエーションによって、最適なレストランのジャンルが変わると嬉しいはず」といった仮説を立てた場合、自身で体験したときに「本当にそう感じるか」という軸で評価が可能となる。仮説が曖昧なまま実装を行うと、いざ体験をした際に「確かに何か動いてるけど、これ、嬉しいんだっけ?」といった状況に簡単に陥ってしまうので注意が必要だ。

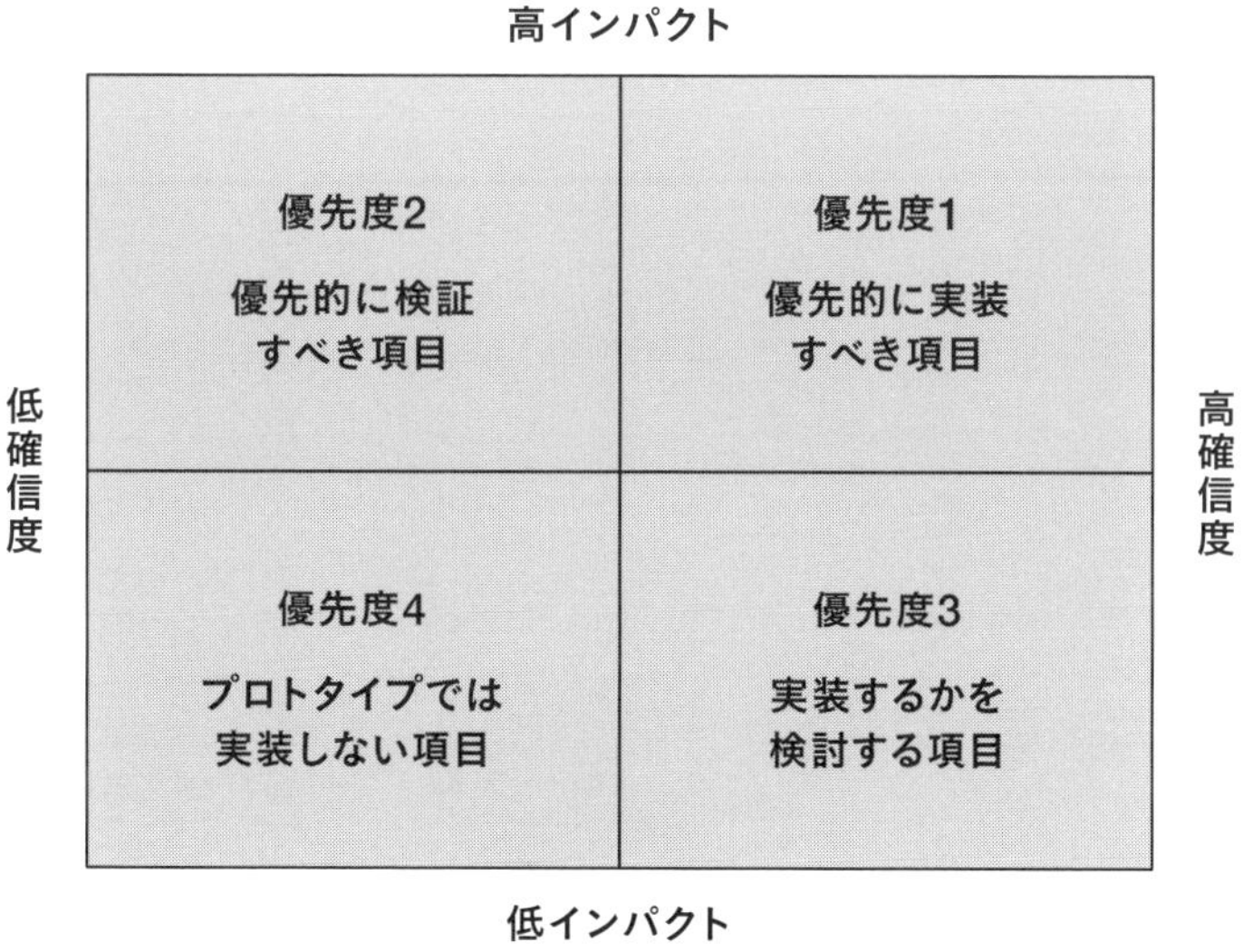

図54　確信度とインパクトの2軸を用いた評価マップ

6. プロトタイピング　実際に作ろうという段階になると、多くの仮説がテーブルの上に並ぶことになる。データサービスの場合、データ整備やアルゴリズム開発など、一般のプロダクトに比べてやらなければならないことが多くなる傾向にある。そのため、限りあるリソースの中で何を実装するべきかは、慎重に吟味する必要がある。筆者が関わるプロジェクトの場合、多くの仮説を「A. 確信度」と「B. インパクト」の2軸の四象限で評価する（図54）。「A. 確信度」は、その体験が確実に良いものになるということが、過去の経験から自明であるものを高く評価する。「B. インパクト」は、実装した際に、アプリケーションの中で目玉機能となりうるものを高く、ちょっとした工夫のようなものを低く評価する。これによって、「優先的に実装すべき項目」と「優先的に検証すべき項目」が明確になるので、これらから手をつけるようにする。

7. UX仮説検証

スマホアプリなどの場合、この段階で、作ったものを握りしめて街に繰り出すことが多い。UX仮説から検証項目を書き出し、それらを実際に体感できているかを自分たちで評価する。過去の経験上、最初は箸にも棒にも引っかからず、アルゴリズムの精度の低さや、UIの扱いづらさに絶望しながら、それでも気づいたことをメモして帰路につく。プロトタイピングの段階において、この検証の回数をどの程度繰り返すことができるかによって、その後のアルゴリズムの精度にも大きな影響を及ぼすことになる。筆者が開発を行う際は、最初は大きな改変が必要となるため隔週程度で検証を実施し、その後毎週金曜日の午後は検証を行う、といった具合に、間隔を次第に短くしていく。

8. ユーザーテスト

UXの検証を何度か繰り返し、ある程度プロトタイプの品質が担保できた段階で、ユーザーテストを実施する。ユーザーテストには、被験者の募集や日程の調整なども加味すると二ヶ月程度はかかってしまうため、プロトタイプの開発と平行して準備を進める必要がある。

筆者はUXのテストにおいて「二段階コンセプト法」を用いることが多い。これは『UXの教科書』の著者である安藤昌也氏の提唱するテスト法で、一段階目ではコンセプト文章のみを評価してもらい、二段階目で初めてアプリを触って評価をもらう、という方法だ。一般のユーザーはさまざまな嗜好を持っているため、たとえば犬のキャラクターがレストランを案内するようなUIであった場合、「私は猫派なんです」といったサービス本来の価値とは異なる部分で評価をされてしまう可能性がある。そのため、まずは「過去の移動履歴や、現在の気温等から、あなたに最適なレストランを案内します」といったコンセプト、理想的なシナリオを読んでもらい、その段階で一度評価をしてもらう。その後プロトタイプを実際に触ってもらい、評価をもらうことで、「そもそも根本的に、やろうとしていることが間違えているのか、表現の方法が悪いだけなのか」といった切り分けが可能となる。

9. インサイト抽出／コンセプト構築

「7. UX仮説検証」や「8. ユーザーテスト」のメモから、インサイトを抽出する。辛辣な意見等によって、最初はすべてが失敗したような気分になることもあるが、かすかにでも可能性を感じるものがあれば、「もしかしたら、こうすれば、想定していた体験になるかもしれない」といった視点から、新しいUX仮説を立ち上げる。その後「5. UX仮説構築」に戻り、再度プロトタイプを実装するが、この手順を何度も繰り返すことで、最初に想定していた体験に次第に近づいていく。もちろん、体験のなかでまったく異なる魅力を感じた場合、そもそもの仮説に縛られず、大きく方向を修正することも恐れてはいけない。

プロトタイピングを繰り返すなかで、次第にサービスの目指していくべき幹となる体験価値が浮き彫りになっていく。ある程度具体化した段階で、体験価値を言語化すると、それがコンセプトとしてサービスの輪郭をかたちづくるようになる。コンセプトが定まると、何かアイデアが出た際に、それを実装するか否かの判断基準となるため、チーム全体の進むべき方角を指し示すコンパスのように機能する。コンセプトはサービスの公開に向けた、ブランディングの段階においても極めて重要となるため、プロトタイピングの段階でしっかりと揉んでおくとよい。

サービス構築&リリース

サービスの構築段階になると、プロトタイプで体験価値が高いと確認された機能が出揃い、リリースに向けて準備を進めることになる。サービスの規模が小さい場合は、プロトタイプのコードを流用しながら、最低限の品質を担保することもあるが、大きな規模になる場合は、開発会社とともにしっかりとした品質管理を行うことになる。ここでは、小さいサービスをある程度コンパクトにリリースするようなプロセスを紹介する。

10. 実装項目整理　この段階では、体験価値は明確になっているが、動作が安定しなかったり処理に時間がかかりすぎていたりと、アラが目立つような状況であることが多い。そのため、サービスにとって重要な機能を洗い出し、優先順位をつけたうえで、設計や開発へと進む。限られた時間のなかで最大限機能を実装する必要があるため、プロトタイピングの時と同じように、どの項目から実装すべきかを慎重に精査する。実装の優先度は「A. コスト」と「B. インパクト」の2軸の四象限で評価する（図55）。これは、コストパフォーマンスの観点から、実装コストが低く、インパクトが大きい機能から優先的に実装すべきというシンプルな思想だ。

11. 設計／開発　コンパクトにリリースする場合は、公開用のコードをきれいに再実装することもあるが、プロトタイプコードをリファクタリング（構造整理）して再利用することが多い。整理された実

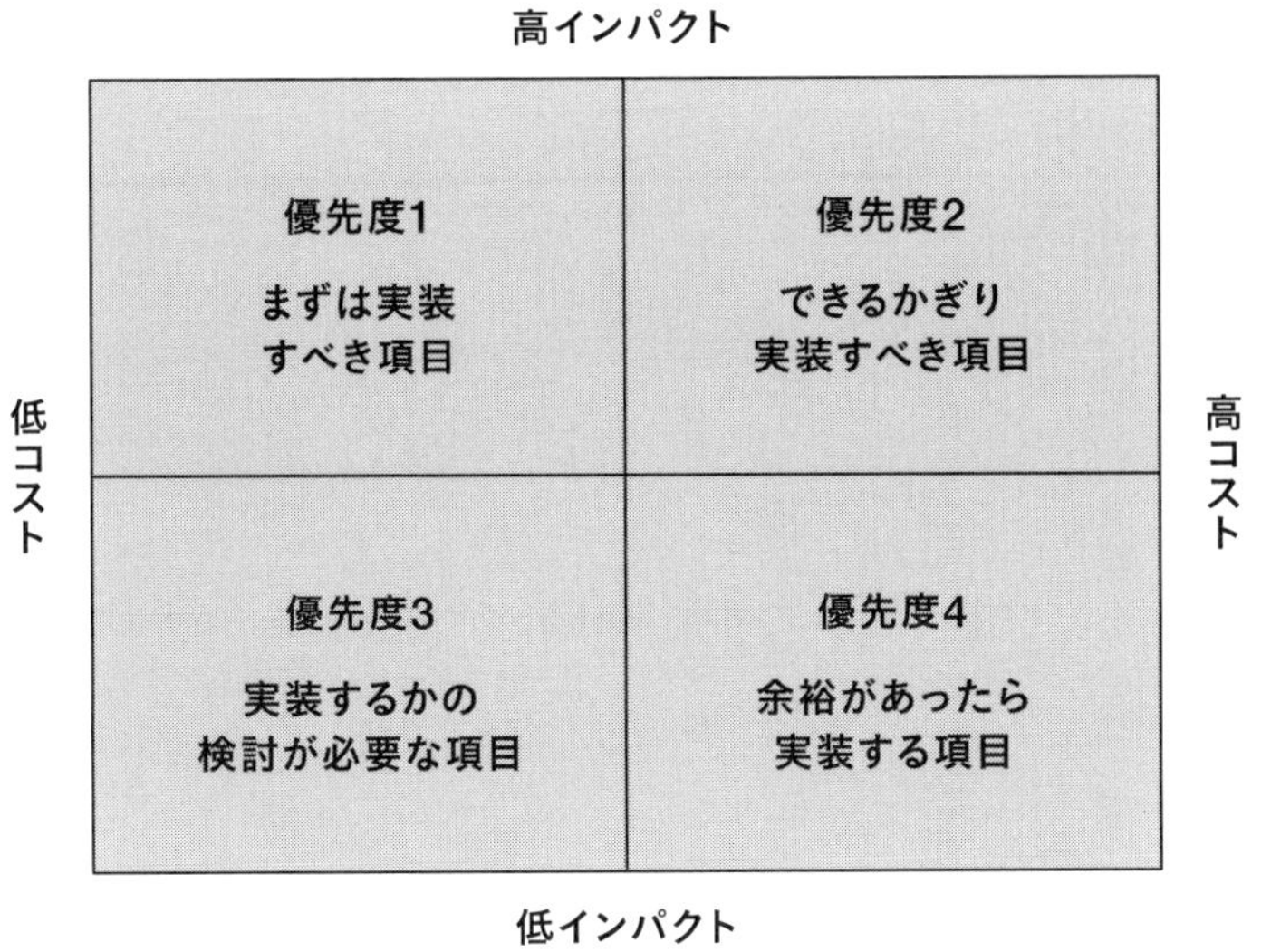

図55　コストとインパクトの2軸を用いた評価マップ

装項目を基に、優先度が高いものから順に実装を行い、限られた期間でサービスに必要な機能を揃える必要がある。筆者は普段から「2・8の法則」と紹介しているが、プロトタイプで体験価値を感じることのできる正常系（エラー処理等を含まない範囲）は全体の2割程度で、セキュリティや例外処理といった目に見えない部分が全体の8割を占めると考えたほうがよい。コンパクトなリリースであっても、最低限の動作検証用のコードを準備するなど、ある程度まとまった時間が必要となる。

12. リソース整備　「11. 設計／開発」と平行して、記事や写真、イラストといったリソースの拡充を行う。また、データを用いるサービスの場合、プロトタイプ段階では部分的なデータを用いて実装をすることが多いため、リリースに向けてデータを揃える作業が必要となる。たとえば地理情報を用いたプロトタイピングなどでは、検証を行う周辺エリアのみのデータで分析することが多い。これは「作って体験」の繰り返しを行うなかで、アルゴリズム改修における処理の負荷を下げ、試行錯誤の回数を増やす目的がある。そのため、リリースの準備段階で全国のデータを用いた再計算を実施したりする。

13. 検証／テスト　リリースの準備がある程度整った段階で、さまざまなデバイスを用いた検証や、テストコードを用いたユニットテストや結合テスト、負荷テスト等を行う。サービスの規模にもよるが、コンパクトなリリースをする場合では、リリース予定日の半月前くらいからテストを開始し、挙動のおかしな部分の修正のみを行う。

14. リリース／アクセス解析　リリース後は、サービスの利用状況の解析を行う。登録者数や離脱者数等はもちろん、体験価値を感じてもらえる機能がしっかりと使われているか、分析の処理などが短時間で完了しているか、といった部分も確認する。アクセス解析からは、大切な機能までの導線が正しく機能していないといった課題も見えてくるため、改善点をまとめ「10. 実装項目整理」に戻り、開発と検証のプロセスに回す必要がある。

リリースまでを終えると、一度すべてのプロセスが完了したことになる。その後はユーザーからの評価も集まるため、「5. UX仮説構築」まで戻るなどして、新しい視点からプロトタイプを用いた検討を繰り返しながら、サービスをより良いものにしていく。データサービスの場合、ユーザーからの評価を用いて推定精度を向上させる仕組みを導入することで、さらにサービスの優位性が高まることにもつながるので、前向きに検討するとよい。

＊　＊　＊

ここまで読んでもらえばおわかりいただけるとおり、データを扱うためのUX構築の全体像は、他のサービスと比べてそこまで大きな違いがあるわけではない。ただし、データの準備や、モデルの構築、計算にかかる処理コストなど、いくつか注意すべきポイントがあるのは感じていただけたのではないかと思う。

次からは、そのなかでも特に障壁となりうる三つの壁について、UX構築プロセスから取り出したうえで詳細に触れていく。

5-3

障壁1：データがないと始まらない［データの準備］

「1．データ確認」におけるまず最初の分岐点として、データが手元に存在しているかどうかがある。意外に思う方もいるかも知れないが、プロジェクト開始時点で、必要となるデータがきれいに揃っていることは決して多くない。たとえ手元に何かしらのデータが蓄積されていたとしても、そのデータだけで価値を生み出せるとは限らない。

データ収集の道も一歩から

クライアント側で、実現したいサービスを先に考えている場合、「どんなデータを集めるとよいですかね？」という質問をされることが多い。たとえば「自社商品から、お客様に最適なものをレコメンドするシステムを作りたいが、まだ商品情報すらデータ化されていない」といった場合がこれにあたる。そういった場合、まずは商品を体験してもらいながら、数百人程度から定量データを収集するサーベイ（調査）の設計を検討する。推奨する商品の特性にもよるが、一定の指標で商品に対する嗜好性を取れることがわかっている場合、その値を用い、そうでない場合はそのジャンルの嗜好性に関連しそうな項目を検討する。他にも、いくつかの質問から人の気質を分類するＢＩＧ５等の性格診断など、学術的に人の特性を分類可能とされている手法を用いることによって、推奨精度を上げるような設計を目指す。極めて地道な作業ではあるが、自分たちで目的に即したデータを収集することは、プロダクトの競合優位性を担保することにもつながる。

他にも、「社員の不調を事前に察知するシステムを作りたい」といった場合、睡眠や笑顔といった、日々の生活と関連性が高いと言われている項目に対する社内アンケートを設計する。このような、日々の変化を記録するような場合、回答者にとって負荷の低い方法で定期的にデータを収集するための仕組みをデザインする必要がある。大規模なアンケートの実施は、一気に多くのデータが集まる一方で、実施の負荷が高まると自然と収集率は落ち、結果、分析の精度の低下を招いてしまう。仕事の負荷が高い人ほど、手間のかかるアンケートに対する負荷を避けたがる傾向にある。負荷の低いタイミングで、簡単に入力可能なシステムをデザインすることこそが、データの品質の担保にもつながる。

私が所属するTakramでも定期的にパルスサーベイを実施しているが（図56）、全社ミーティングの直前にSlack経由でサーベイを配信することで、高いデータの回収率を実現している。

一方で注意しなければならないのが、データ収集におけるフィージビリティ（実現可能性）判断だ。たとえば「検索データを使って自殺率を下げるようなアプリを作りたい」といったアイデアを持ったとしよう。自社で検索サービスを提供していないかぎり、検索データを入手するためには、検索エンジンを提供する会社と交渉するか、自身で検索サービスを立ち上げる必要があり、どちらも決して現実的とは言い難い。いくらアイデアとして革新的であったとしても、実データを扱えないようであれば、前に進めるのは難しい。また、逆の意味で注意しなければならないのが、「使えるかわからない

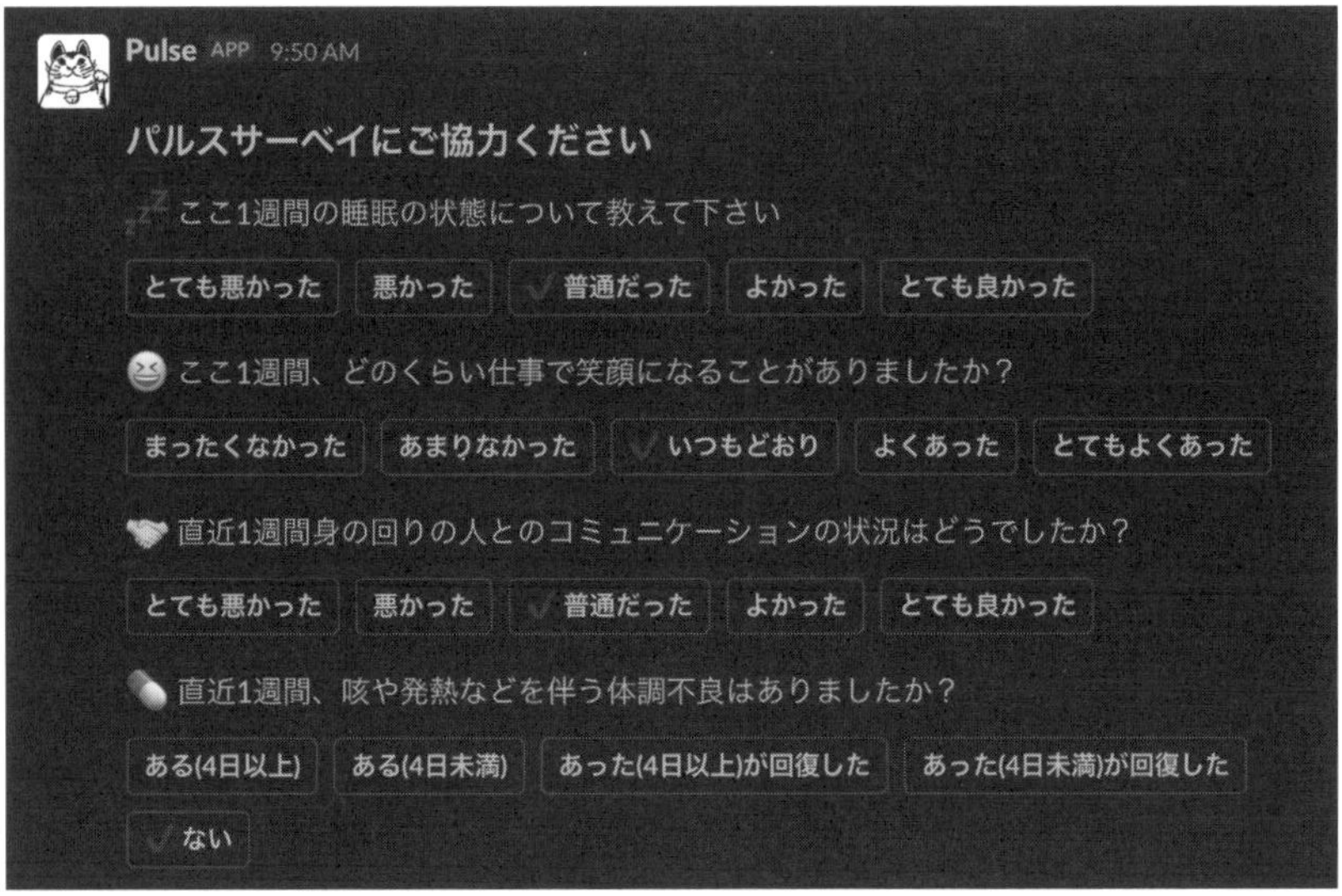

図56　Takramで定期的に配信されるパルスサーベイ

けど、とりあえず全部記録しておこう」というパターンだ。ある程度目的をもって記録しなければ、本当に必要なデータが記録されていなかったり、特に価値を見いだせないデータが毎日ストレージの維持費だけを消費していくような事態になりかねない。

オープンデータを利用する場合の注意点

また、少し異なるケースとして、求めているデータがオープンデータに存在しているような場合がある。無料でデータが入手できる夢のような状況に思えるが、ここにもいくつかのハードルが存在している。

第一に、配布形式のハードルだ。ＡＰＩでデータが提供されていればよいが、オープンデータの場合、ファイル単位でのダウンロード形式であることが多い。たとえば自社の売上と気候の関係を見るために、過去数年分の気象データを入手しようとした場合、ウェブサイト上で地点と年月日を選び、最後に対象エリアのCSVファイル（カンマで区切られたテキストデータ）がダウンロードされる、といったような手順を踏む。東京全域の1時間ごとの天気を1年分入手しようとした場合、それなりに大変なクリック数になる。そのため、特定のルールに従ってウェブからデータを自動的にダウンロードするプログラムを書いて、データを入手する必要がある。これを「スクレイピング」と呼ぶが、ある程度の専門知識を要するうえに、頻度の高いアクセスはサービス側にとって負荷になるため禁止されていることもあるので、実施前にサービスの規約を確認するとよい。また、最近減ってきてはいるが、PDFでデータシートが提供されていた場合、OCRソフトで画像から文字を抽出したり、最悪の場合は目で見ながら打ち出す必要がある。

次に、網羅率や粒度の課題だ。データが詳細になればなるほど、日本全国ではなく、特定の市区町村や駅の周辺のみの提供になったりする。特にオープンデータの場合、提供元が行政であることも多く、行政区単位でのデータ収集が行われるため、他の県や市区町村との比較をしたいのに同じ粒度のデータが手に入らない、といった悩みを持つことが多くなる。もちろんこれは、区域内の分析をするのには十分なデータであるため、目的とする分析との相性に依るところが大きい。全国を網羅した詳細なデータが揃っていれば、必要な地域を切り出せばよいが、オープンデータではなかなか出会うことがない。網羅率でもうひとつ注意しなければならないのが、時間方向での網羅率だ。細かい粒度で広範囲を網羅してはいるものの、5年前までのデータしかないといった状況によく直面する。また、途中の1年だけ抜けているといったこともあるので、データを入手したら一度集計をして、確認することをお勧めする。

最後に、データの品質の課題が挙げられる。国が提供するデータは網羅率も信頼性も担保されたものが多いが、一方で、一般の団体が提供するデータには、Wikipediaのようにユーザーが自由に追加、編集できるものも含まれる。プロダクトやサービスにすることを考えると、計算元のデータに一定の信頼性が必要となるため、慎重に検討する必要がある。実験的に構築する場合は、あくまでプロトタイプであることを明記したり、データの出典をすべて書き出すといった配慮が必要となる。

データを購入する場合の注意点

必要なデータが手元にない場合、データプロバイダからデータを購入するような手法が考えられる。プロジェクト化されて予算がついている場合は、最初から必要なデータが決まっているなら予算にデータ購入費用を含んだ状態でスタートしたり、検討後に購入する可能性があるのであれば別途予算を確保して購入できる状態にしておくのがよいだろう。私のこれまでの経験上、人口動態のデータ、ＰＯＩ（Point of Interest）データ、詳細な気象データなどは、購入頻度が高い。

データを購入する場合は、オープンデータで起こるような問題は発生しづらい。容量にもよるが、提供形式は大きなＣＳＶファイルであることが多く、かつ網羅率や詳細度、クオリティについても、データプロバイダ側で一定のクオリティを担保してくれる。その代わり、エリアを広げたり詳細度を上げると、その分価格が上がる。そのため、用途に合わせてエリアや詳細度を下げることで予算に収めるといった工夫が必要になる。たとえば、東京エリアの駅や学校、店舗といったＰＯＩ情報を用いて街の傾向を分析したい場合、まずは東京エリアに絞ることで金額を調整する。その後、傾向を見たいだけであれば、店舗名や詳細な位置が必要ないので、単位空間あたりの各ジャンルの店舗数といった集計情報を購入する。データプロバイダにもよるが、多くの場合、元となるデータは匿名性や競合優位性の観点から提供していないことが多く、何かしらの集計が施されている。地理空間情報である場合、メッシュ単位での集計がなされていることが多いため、デザインする段階である程度その前提を持っておくことで、より実現可能性が高いサービスを検討できる。また、データを購入する形式の場合、最新データの入手のために継続して購入をする必要がある。データの種類によるが、週に一度や月に一度、集計済みのデータを何かしらの方法で送信してもらい、システムに追加するというワークフローが必要となるので、その前提でいたほうがよい。

他にも、ＡＰＩ経由でデータを取得するような方法もある。この場合、契約期間中ＡＰＩが公開される形式がほとんどだが、多くは従量課金型で1アクセス単位で金額が設定され、毎月末にアクセスした分の請求書が届く。第1章で紹介したフライトデータなどがこれにあたり、表示している時間にしたがって金額が加算されていく。他にもGoogleのPlaces APIやMap APIなどでは、必要に応じて周辺の施設情報や、目的地までのルート情報といった、ピンポイントで必要となるデータの入手ができるようになっている。ＡＰＩ形式では常に最新の情報を入手でき、かつシステムが直接ＡＰＩを参照するため、システムへの追加といったワークフローが存在しないというメリットがある。注意が必要なのは、サービスのスケールだ。利用人数が少ないサービスであることがわかっていればよいが、指数関数的に規模が大きくなった際、月末にとんでもない金額の請求書が届いたという話はよく聞く。

1回のリクエストにかかる金額が1円程度でも、1ページで数回ロードされ、それが1万人になった場合、簡単に大きな数字になってしまう。とはいえ、小規模でスタートできることや、データのアドバンテージであるリアルタイム性の担保などが可能であるため、リアルタイムの利用金額などを確認しながら、ぜひ積極的に活用してほしい。

蓄積されたデータを利用する場合の注意点

自社に蓄積されたデータから、何か新しい価値を生み出せないだろうかという相談をよく受ける。すでに何かしらのデータサービスを運用しているなかで、別の使い方を模索していることもあれば、サービスの提供履歴として蓄積され、特に使われていないデータを何かしらの資産として活用したい、という場合もある。それぞれを「拡張」と「立ち上げ」に分けて、対応方法を整理しておこう。

すでに何かしらのデータサービスを提供していて、そこから「拡張」したい場合、すでに自社のデータについての理解やアイディエーションを行っていることが多い。いわゆるマンネリ化している場合は、自社データだけで価値を創造するのではなく、他社データとの掛け合わせを考えたほうがよいだろう。業界ごとにアプローチは異なるが、消費系なら人口動態を、動態系なら逆に消費系のデータあたりを入り口にしながら思考すると、意外と面白い組み合わせに出会えたりする。第2章でも触れた「データのマッシュアップ」と呼ばれる手法だが、既存のデータだけでは価値が見出せない場合には有効であることが多い。一方で、ある種のパズル的な要素が大きいため、多くの業界やデータに触れ、それぞれの特性をある程度理解しておくとよい。

次に、「立ち上げ」をしたい場合であれば、まずは保持しているデータの特性をしっかりと把握するところから始める必要がある。これは顧客や購買といったデータだけでなく、登録されたユーザーコンテンツや、蓄積された計測データといったものも対象になる。まずは、全量でなくてもよいのでデータを集計して、線グラフやヒストグラムを用いてその特性を把握してみてほしい。年齢や性別であれば分布や割合、購買やログであれば時系列での変化、地理情報であればその分布や密度などを調べるとよい。その後「データを生み出しているサービス自体の無駄をなくすにはどうすればよいか」といった最適化や、「データから生み出した推薦や診断といったサービスによってより楽しめるように」といった付加価値創造など、内部的に活用する方法から順に検討するようなプロセスを踏む。

また、「拡張」か「立ち上げ」かにかかわらず、外部向けにデータを活用、販売したい場合には特に注意を払う必要がある。サービスの立ち上げ時に、将来的なデータ販売を視野に入れた規約をユーザーと締結していればよいが、そうでない場合、データプライバシーの側面から、外部利用が制限される可能性が高い。規約を改定する場合においても、データプロバイダからのデータ購入において、基本的に集計されたデータが扱われているように、集計済みデータを扱うことを前提に考えた方が安全だろう。

トップダウンとボトムアップ

このように、データを扱おうとした場合、準備の段階からさまざまな注意点が存在する。データが存在しないうちは、鶏と卵の話のように「データが先か、サービスが先か」といった状況も多く発生する。すでにデータを保持していたとしても、既存データの範囲内で考えなければならない状況であったり、マッシュアップに適切なデータを入手できなかったりと、さまざまなハードルが存在する。データの入手で壁にぶつかるたびに、代替となるデータを探したりサービス自体をピボッドするなどして乗り越える必要がある。

データにはそれぞれ特性があり、たとえば検索からは未来の動向が見え、電力からは人々の活動量が見えたりする。データと付き合おうとした場合、サービスで実現したい機能の多くは、データが持つ特性に大きく左右される。木の特性を理解しないまま木をふんだんに用いた構造体を作っても、反ったり割れたりしてしまうのと同じように、扱うデータを深く理解してからでないとサービス構造のデザインはできない。一方で、プロダクトやサービスで何を価値として提供するかが決まらなければ、特性を理解すべきデータが定まらないという鶏と卵的なジレンマがここには存在する。そのため、「データの準備」の障壁を突破するためには、ボトムアップ的な観点で、データの特性を確認しながらも、トップダウン的な観点でゴールをイメージし、その間を行ったり来たりしながら柔軟に対応する必要がある。

5-4

障壁2：メカニズムが明確でない［メカニズムの解明］

扱うデータとサービスの方向性がある程度定まった段階で、いよいよ分析とモデルの開発に取りかかるわけだが、データからモデルを構築するプロセスは、実際のところデザイナーだけで迎え撃つには分厚すぎる障壁と言える。私も多くの場合、優秀なデータサイエンティストと二人三脚で挑み、毎度嫌な汗をかきながら、なんとか結論に到達している。ここでは、そのなかでも毎回悩まされる「同質性」の抽出と、その鍵となる「単位」について触れておきたい。（単純に収集したデータを提供することを目的としたサービスや、分析自体をサービスとして提供する場合等は、この障壁は存在しないので、本節は読み飛ばしていただいて構わない。）

前節でも述べたように、基本的にはリサーチの段階で、現場の体験やデータ自体の特性理解をしたうえでモデル化に進むわけだが、そこでは次のような課題に突き当たる。たとえば車に乗っていて、事故を起こしそうな「体験」をしても、再現可能性を持った「メカニズム」をデータから説明できなければモデル化ができないという課題だ。

まず大切になるのは、体験から得られた気づきを定量的に説明するメカニズムが明確かどうかだ。たとえば体重という指標においては、摂取カロリーと消費カロリーのバランスが重要であるといった関連要因が明確な変数が見つけられることが望ましい。このメカニズムの解明のために、前章冒頭で触れた「現場の状況への理解」がとても大切なのだ。「モデルの構築」と聞くと、複雑な条件を紐解くようなイメージを持ってしまいがちだが、解決したい課題によっては必ずしも複雑である必要はない。前述したように、特定の値が一定以上に達した場合、全員に警告のメッセージを発信するような単純なシステムであれば、「体験」とどのような要因が定量的に関連するかが明確であれば十分なのだ。しかしながら、多くの場合、体験を説明する要因は1つだけとは限らない。

「同質性」を探し出す

メカニズムの解明には、何かしらの「同質性」を見つけ出す必要がある。言い換えるならば、その時々で状況が異なると、データからメカニズムを解明するのは極めて困難であると考えたほうがよい。たとえば「天才を生み出す方法」のような課題では、一口に天才と言っても同質性が低いため、モデル化が極めて難しい。また、複合要因によるノイズが大きく、計測ごとに値が安定しない場合なども、同質性を探しづらくなるので注意が必要だ。

現場を体験するという行為は、データからこの同質性を読み解くために重要な行為と言える。無作為に並んでいるように見えるデータの羅列から、感覚から得られた指標を抽出するのであれば、まずは現場から「どんな値が体験を説明する変数として寄与率が高そうか」という仮説を立ててからデータに向かい合ったほうが、同質性を見つけ出すための近道となる。先ほどの「事故を起こしそうな要因の抽出」で言えば、アクセルやブレーキ、ハンドル操作といった、車の運転に関する変数が100以

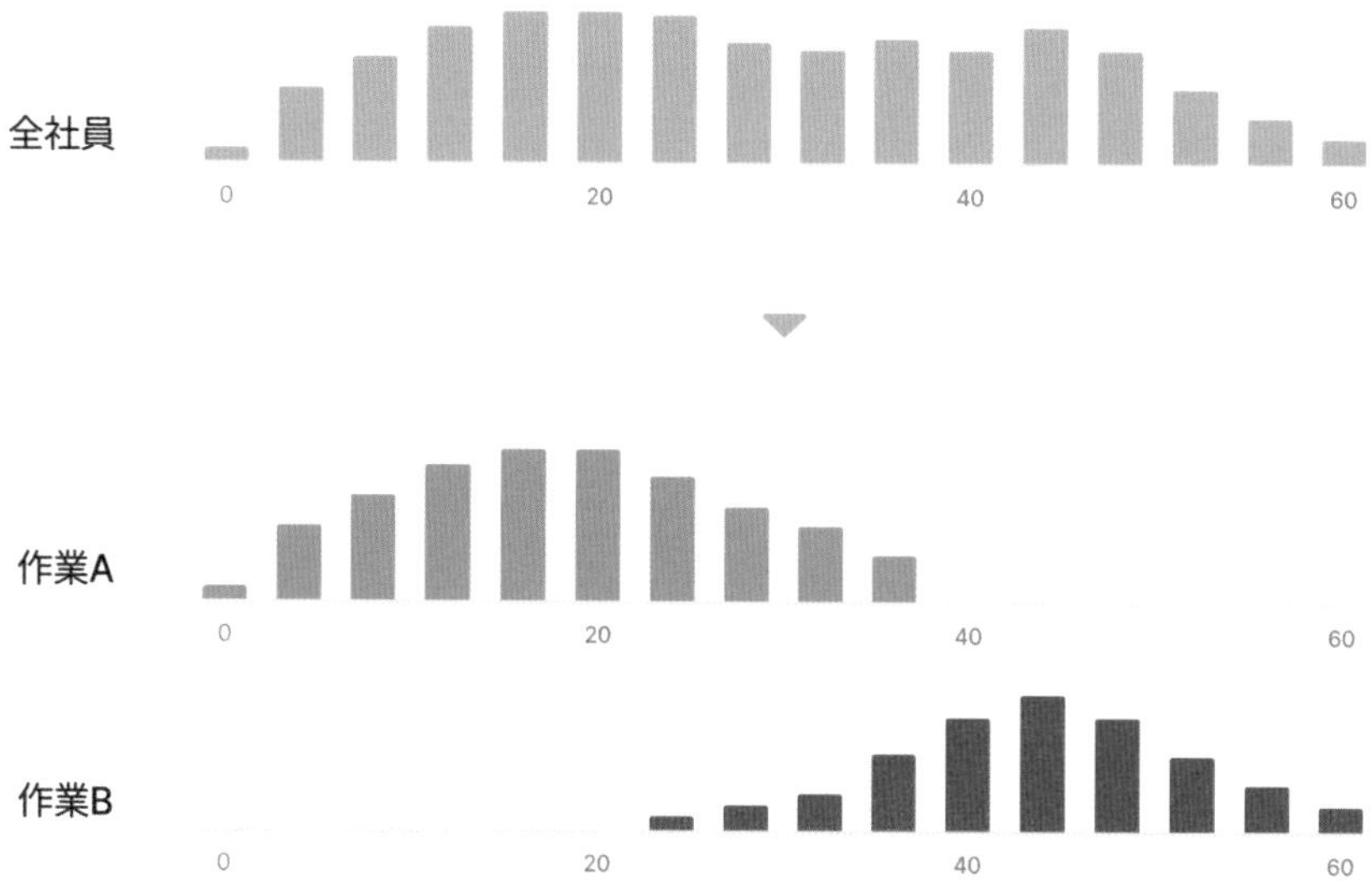

図57　上：全社員の残業時間のヒストグラム　下：作業ごとの残業時間のヒストグラム

上あった場合、その組み合わせによる事故の要因の抽出は、まさに砂漠の中から針を探すような作業となってしまう。そのため、事前に「スピードの上がりやすい緩やかなカーブの先に、急なカーブのあるところで起こるのでは？」といった仮説をいくつか立てたうえでデータに向かい合ったほうが、効率よくデータから指標を抽出できるだろう。

また、現場のすべての情報がデータ化されているわけではないことにも注意が必要だ。たとえば社員の残業時間に対する傾向を読み解こうとした場合をイメージしてみてほしい。図57は、横軸を残業時間、縦軸を時間ごとの社員の人数を表している。全社員の残業時間をヒストグラムとして表示したところ、残業が多い人から少ない人まで、ある程度均等に分布している。部署ごとや男女ごとに調べてみたが、この傾向は特に変わらず、結果「残業が多い人も少ない人もいる」という煮え切らないレポートしか生まれなかった。しかし、現場で遅くまで働いている人の画面を見ると、だいたいが特定の作業をしていることを知っていた場合、「現在データには存在しない担当作業の違いによって、残業時間の傾向が分かれているのではないか？」という仮説を立てることができる。担当している作業をデータに追加し、作業ごとに残業時間を表示して、赤と青のヒストグラムのように分解されたとすると、データから作業Bが時間を浪費していたということがわかるだろう。

もちろん、なるべく多くのデータが揃ってさえいれば、体験からではなくデータから同質性を抽出することも可能だ。たとえば主成分分析（PCA分析）などを用いると、自動的に複数の変数を合成した主成分を作成することができ、この主成分を構成する変数の負荷量から、各変数にどのような同質性が存在したのかを見つけ出すことができる。しかし、作成された主成分がどのような意味を持っているのかは、結局人が読み解く必要があるため、データの背景に対してはやはり相応の理解が必要となる。

十分なデータ量の「単位」を探す

データは詳細であればあるほど分析の精度が上がるというわけではない。そのデータに適した単位というものが存在する。前節でデータの粒度について言及したが、時間方向であればデータの更新頻度や変化の頻度によって、時間単位で集計すべきか、日単位で集計すべきかが変化する。1時間単位ではノイズが多くて何も見えてこなかったデータからでも、1日単位で平均値を取ることで傾向が現れるようなことも多い。地理空間方向でも同じことが言える。250ｍメッシュの単位ではノイズに見えていたデータも、１㎞メッシュにすることで傾向が現れるということは多い。また、１時間単位での変化を見たいからといって、無理やり集計してしまうと、単位時間内の分析に用いるデータ量（サンプルサイズ）が１～２件となってしまったり、最悪の場合データが存在しない時間が生まれてしまったりする。

地理空間単位での時系列変化を見たい場合などは、特に注意が必要だ。たとえば市区町村ごとに１週間ごとの宿泊者数のデータを表示しようと考えた場合、関東であれば母数として十分なデータ量が揃うが、地方の市区町村単位では１週間ごとに数件といった少ない数値となってしまうこともある。これは実際の宿泊者数が少ないことはもちろん、デジタル化されていない宿泊が存在したり、データを取り扱う際の出典元が旅行代理店１社であったり等さまざまな要因により発生する。

こういったデータ量の不足は、数値をそのままグラフ化する分にはそこまで大きな問題にはならない。たとえデータが存在しなかったとしても、該当の部分のグラフを表示しないか、スキップして描画してしまえば、表示自体は可能だ。しかし、集計や分析をする場合などに問題が発生する。たとえば筆者が関わったV-RESASという内閣府主導によるプロジェクトでは、宿泊数に関する集計と可視化を行った。V-RESASは、新型コロナウイルス感染症が地域経済に与える影響を可視化するために、サイト全体の指標として、コロナ前である二〇一九年の同期間との比較を基本としている。京都府全体のグラフを見ると、二〇二〇年七月から開始されたGo Toトラベルキャンペーンの影響で、宿泊者数が大きく回復しているのが見てとれる。このグラフでは、二〇二〇年一一月に子ども連れの宿泊者が192％とピークを示している（図58）。

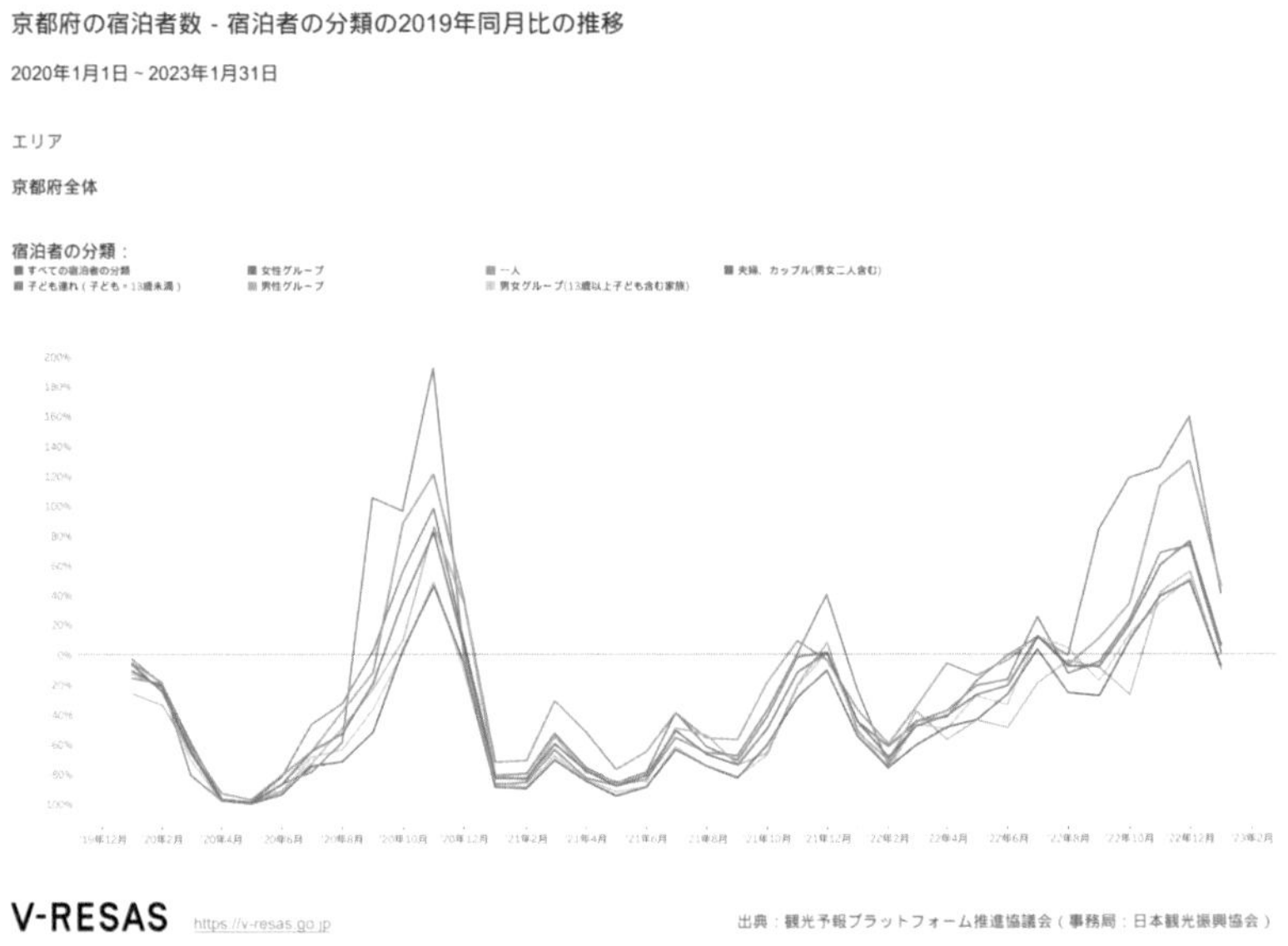

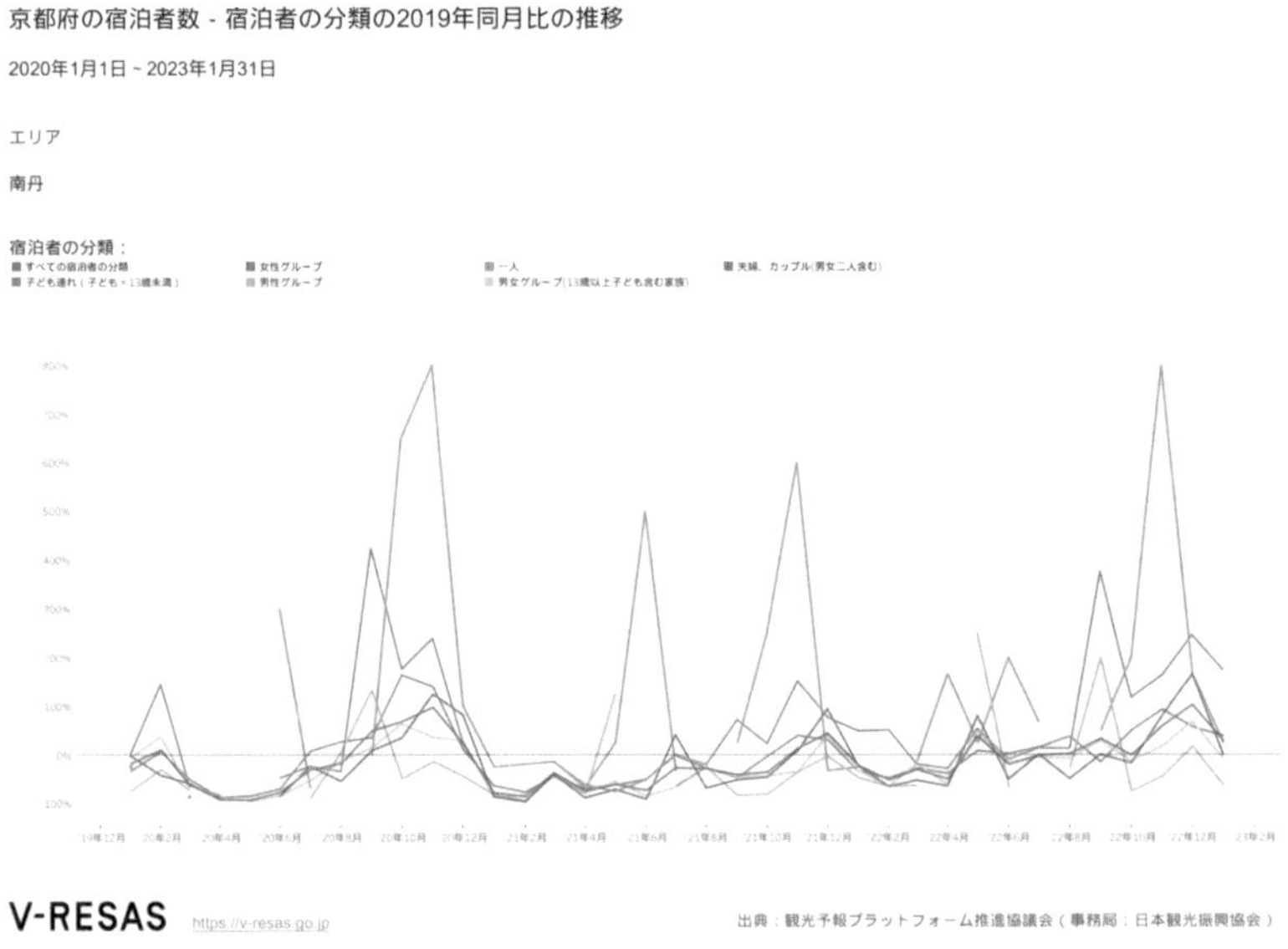

図58　京都府の宿泊者数。上：京都府全体　下：南丹エリア

一方で、たとえば京都府の中でも南丹エリアに絞り、さらに、宿泊者の分類という単位で数値を分解した場合、グラフが途切れたり乱高下するような状況が生まれる。これは、もし二〇一九年にエリアにおける月の宿泊者数が２人であった場合、０人であれば算出できずにグラフが途切れ、16人になるだけで800％といった数値が算出されてしまうことが原因だ。こうしたことは、もともと月に2,000人の宿泊者が居た場合、16,000人が宿泊しなければ800％にならないことを考えれば、値が小さいことによる影響度の大きさがわかりやすいだろう。そのため、あまりにもデータの数が少ない場合は、得られる情報が少ないという理由から表示を停止するような措置をとっている。データを公開すると、多くの場合「より詳細に見たい」という要望が生まれるため、単位は詳細さとデータ密度との間でギリギリのバランスを狙うことになるわけだが、サンプルサイズが小さいと分析の精度が低くなることは理解いただけたと思う。

このように、単位が少し異なるだけで母数が大きく変わり、そこから得られる示唆の精度自体も大きく左右されてしまう。V-RESASの例では、二〇一九年同月比というシンプルな計算であったが、複雑な分析手法を用いたところで適切な単位でのデータを基に計算していなければ、モデル化できたとしても十分な精度を担保できないだろう。

目で見て考える

最後に、可視化を用いてメカニズムを探る方法についても少し紹介しておきたい。図59は、

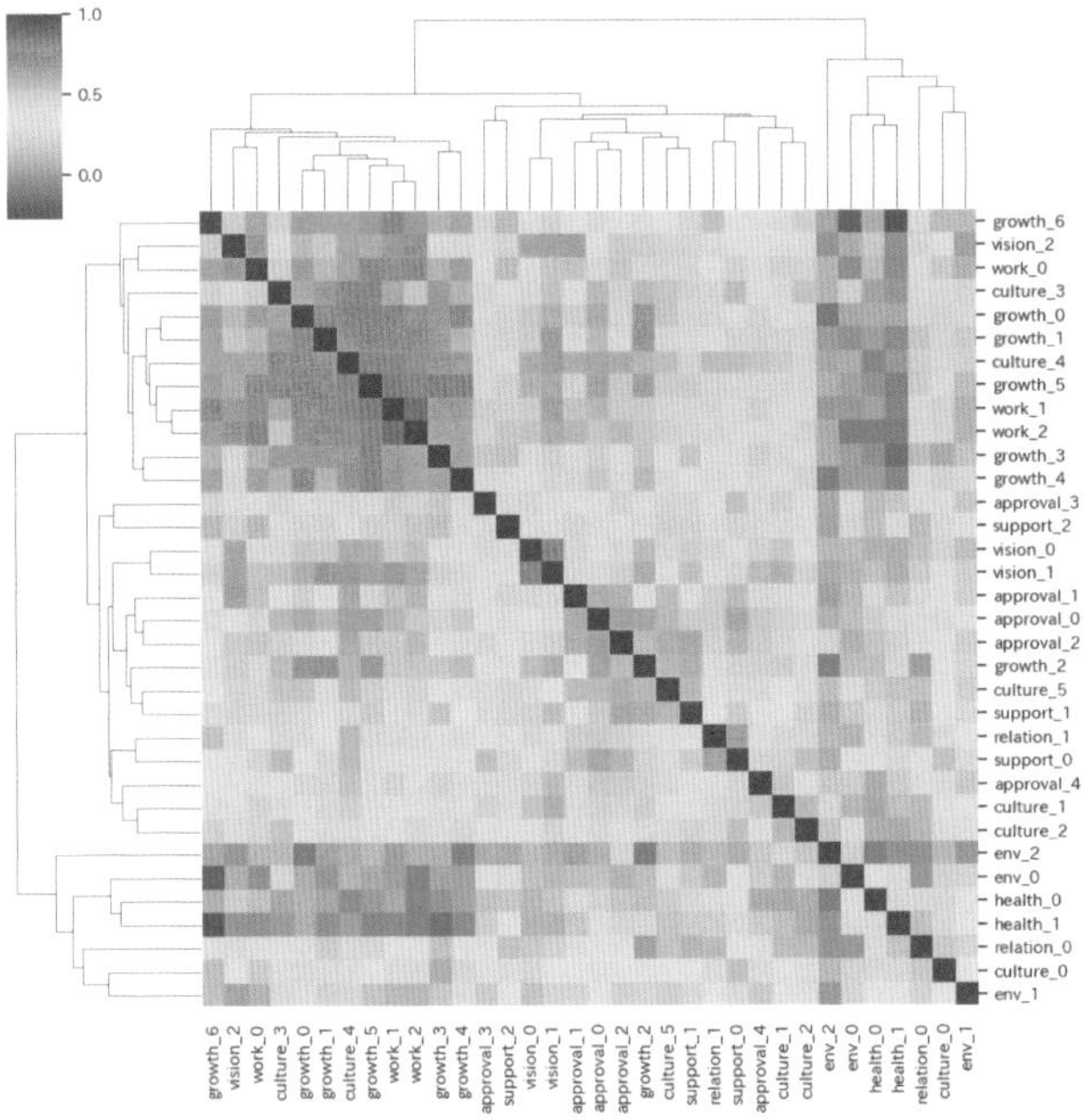

図59　メカニズムを可視化で探る

Takram社内で実施したアンケートの回答結果をもとに、同質性のある回答をグルーピングしてヒートマップで可視化したものだ。会社のカルチャーや自身の成長、仕事環境等、全34問の質問に対する全社員の回答をもとに、質問同士の相関関係を総当りで数値化し、似た傾向をグループになるように並べ替えている。こうしてみると、growthとvision、cultureといったカテゴリの回答が近い場所に表示されていることから、お互いに相関し合う質問群であることがわかる。相関関係が見えれば、成長（growth）を促すためには組織のビジョン（vision）やカルチャー（culture）の整備を推進するとよいのではないか、といった仮説を立てることができるようになる。

　このように、グルーピングして可視化するだけでも多くの仮説が立てられるため、入り口としてまずはトライしてもらえるとよいのではないかと思う。

データを活用した新しい体験を生み出すためには、現実世界での体験を基に、データの世界からそのメカニズムを解明するプロセスが欠かせない。これはまさに「人からデータを考える」という行為そのものと言える。もちろん膨大な量のデータから特徴を抽出し、人々の体験に潜むメカニズムを数理的に解明することは不可能ではない。一方で、「こんな体験を作りたい」というビジョンを持ち、サービスをデザインするには、体験とデータ両面からのアプローチが必要となる。私たちの日常生活の中での感覚が、データの中から特定の単位を通じて同質性をもって表れるとき、そこに再現性を持った数理モデルが生まれ、それがサービスの価値を生み出す源泉となるのだ。

5-5

障壁3：生活への「浸透」ができない

人間を中心に考え、データを生活に浸透させようとする場合、最後の障壁は生活への自然な介入となる。ここまでは、いかにシステムが機能として価値あるものになりうるかについて触れてきたが、最後は、UX構築プロセスのその先の、データを生活とつなぐための手法について触れたいと思う。これは、データを用いるサービスに限らず、すべてのサービスに言える話として読んでもらいたい。そして、データに関わるサービスこそ、今後生活とのつなぎ込みがより大きな課題となるため、改めて考え方をまとめたいと思う。

UI／UXにコストをかける

人とサービスとの接点を考えた際、検討が必要な項目の中でもいちばん大きな割合を占めるのが、UI／UXの観点だろう。個人向けのサービスであればもちろんのこと、昨今では法人向けのサービスであったとしても、UI／UXの観点が重要視され始めている。これは、ITの活用が一部の専門家だけのものではなく、より一般の人々に対しても開かれてきたことを意味している。また、GoogleやAppleといった世界的にも大きな企業がガイドラインやUIエレメントの無料公開を行ったことで、一定レベルのクオリティに対する土壌が生まれ、今まで人が歩み寄ることを前提とした設計がなされていたところに、サービスやプロダクトからの歩み寄りが求められた結果と言える。

第1章で紹介したdataDiverもそうだが、データ活用をより身近にする動きは専門的な分野においても試みられている。専門性の高いソフトウェアに対し、人を中心に考えるというと、少し違和感を覚える人もいるかもしれない。なぜなら、専門性が高まれば高まるほどツールは限られた専門家が使うものになり、誰でも使えるＵＩ／ＵＸが必要ない、という考え方もできるからだ。一方で、データを扱うシステムについては、その重要性が叫ばれながらも、専門家の不足や初期投資にかかるコストが大きいため、「データの活用をしたいのに、実績がないので初期投資ができない」といったジレンマを生み出している。だからこそ、ＵＩ／ＵＸにコストをかけて構築し、専門家以外が使えるようなシステムを提供することに価値が生まれるのだ。

どこに何を表示するべきかを見極める

専門性の高いシステムの場合、たいていはＰＣ上で実行されるアプリケーションやウェブサービスであることが多い。一方で、一般の人々に向けたデータの接点として、まず思いつくのはスマートフォンでの利用だろう。今ではウェブ閲覧から写真撮影・編集、ＳＮＳを通じたコミュニケーションまで、ほぼすべての事柄が一枚の小さな板の中に収まってしまう。データを扱うサービスも、天気から動画の閲覧まで、多種多様なアプリケーションが配信されている。新しい体験を世の中に提供しようとした場合、スマートフォンでの提供をベースに考えれば、多くの人に行き渡ると考えてよいだろう。一方で、スマートフォンではさまざまなアプリが提供され、それぞれがユーザーの閲覧時間を取り合うような状況も発生している。もはや日常の中で、新たな体験に向き合ってもらうスキマ時間を見つけ出すのは不可能に近い。

もしあなたが、既存のアプリケーションの最適化ではなく、新しいアプリケーションを世の中に出そうとしているのであれば、「本当にスマートフォンアプリがよいのか？」という問いは常に持つべきだ。ターゲットによっては、アプリとしてすぐに呼び出せる位置に表示するのがよい場合ももちろんある。一方で、その人の生活にデータを浸透させようとした場合、実はLINEから語りかけるほうがよかったり、対象者の家族のLINEに通知を送って直接話しかけてもらったりする方がよい場合もあるのだ。ちなみに、物流現場のリサーチにおいて、当時トラック運転手の多くはスマートフォンのアプリをほとんど使っておらず、唯一LINEだけは家族との連絡用に入れているような状況であった。

筆者らはリサーチで、普段使っているスマートフォンのホーム画面のスクリーンショットを提供してもらうことがある。そこからは、その人の普段の生活や特性といった膨大な量の情報を垣間見ることができる。きれいに整理している人もいれば、文字通りカオスな状況で、本人もアプリを見つけるまで毎度迷っているような人もいる。通知の数も1,000を超えるような未読バッジが並んでいるようなこともある。過去に遭遇した面白い整理方法として、アイコンの色ごとにホーム画面のページを分け、色を連想してからアプリを探している人もいた。まずは家族や友人のホーム画面を見せてもらい、その人に新しいサービスを届けるにはどうすればよいかを是非観察して想像を広げてみてほしい。

誰にどう届けるかをより幅広く考えるうえで、IoT文脈のなかにも多くのヒントが眠っている。私たちは普段の生活のなかで、気に入った絵画を壁にかけ、家具を購入し、生活を彩っているが、そこにデータを表示するような考え方をしても面白いだろう。液晶ではなく電子ペーパーを使うことで、部屋のカレンダーと並んでも違和感を覚えなかったり、LEDディスプレイを木材の裏から透過させることで、デジタル情報にぬくもりを感じたりと、そこにはさまざまな可能性が眠っている。

人への介入のための三段階

データの浸透には少なからず生活や現場への介入が必要で、人の行動に対する介入には特に注意が必要となる。人の活動に関わるデータを扱うと、たびたび「結局意識が変わらないと……」といったゴールに行き着いてしまいがちだ。そもそも人に介入しうるのかどうかは、介入のレベルを三段階に分けて考えるとわかりやすい。以下、「表層」「中層」「深層」の三段階に分けて、それぞれ紹介したいと思う。

まず一段階目として、ツールやソーシャルスキルの利用が挙げられる。これは、問題を表層的に解決するためにシステムを導入することで、問題となっている指標の改善を目指すものだ。この段階は、システムさえ機能すれば状況が改善するため、介入の手法としては基本的にこのレベルを用いるのが得策と言える。たとえば現在の電力消費量が一般的な家庭よりも具体的にいくら高いのかを通知するアプリのようなツールを利用し、電力の消費を押さえるような介入がこれにあたる。他にも、社内のチャットでスタンプを用いたリアクションを推進し、円滑なコミュニケーションを生むような介入も、表層的な介入だろう。

次に、いちばん介入の難しい三段階目を先に紹介しよう。これは、深層的な特性、たとえば閉鎖的な性格を持つ人に対し、開放的になってもらうような、価値観の改変が求められるようなアクションだ。ちょっと考えただけで難しいことはわかると思うが、分析の結果に対してダイレクトに改善を求めようとすると、つい深層的な特性に対して変化を求めるようなアイデアが生まれてしまうので注意が必要だ。コミュニケーションの改善が必要という分析結果が出たからといって、コミュニケーションを得意としない人に対して「改善しましょう」と語りかけても、改善の責任を相手に求めるだけになってしまう。対象の深層的な特性に変化が必要な場合であっても、一段階目に挙げたようなソーシャルスキルの適用により、間接的に改善を促すのが望ましい。他にも、情報を毎日定期的に入力するようなルーチンワークが得意な人と、そうでない人がいるのも個々の特性なので、ちょっとしたゲーミフィケーションを混ぜるなどして、なるべく自然に行動につなげる工夫をすることが望ましい。

二段階目としては、行動の促進により、自己効力感を高めるような手法の導入が挙げられる。ちょうど一段階目と三段階目の間にあり、一段階目とは、本人が自覚的に改善に取り組むか否かが異なる。この段階は意識改革につながるような手法であるため、比較的難易度の高い介入であると言える。これは本人の特性に対して直接改善を求めるのではなく、先に決められた行動を促すことによって、行動から本人の特性に対して少しだけ介入するような方法で、「動作的知能」と言われている。認知行動療法でも似たような考え方を用いるが、現在生じている問題において、変えやすい行動から少しずつ変えていくことで、緩やかに問題の解決を目指す。たとえば、情報整理が苦手な人であっても、付箋を用いた整理方法を意識的に繰り返してもらい、成功体験を積み上げることで自己効力感が生まれる。結果、緩やかに自身の苦手な情報整理という領域を克服していくようなイメージだ。

Column

ナッジ（nudge：そっと後押しする）という考え方がある。これは行動科学の視点から「本人にとってより良い選択を自発的にとれるように手助けする」という手法で、意思決定をする時のインタフェースをデザインすることで行動をもデザインする手法だ。ナッジは、リチャード・セイラーによって「選択を禁じることも、経済的なインセンティブを大きく変えることもなく、人々の行動を予測可能な形で変える選択アーキテクチャのあらゆる要素」と定義されている。たとえば会津若松市では、スマートメーターを使って電力消費データを収集し、電力消費量を各家庭でほぼリアルタイムに見えるようにした。「前年同月より〇〇円節約できました、全XX世帯中10位です」といった表示により、節電への興味関心を高め、27％の電力削減効果を生み出すなど、ナッジをうまく活用していると言える。(25)

一方で、ナッジは悪用することも可能であるため、常に倫理性が問われてきた手法でもある。セイラー教授も道理に合わないナッジの存在を認め、これをスラッジ（sludge：へどろ）と呼んでいる。皆さんがもし購入した商品に対するクレームをしようとしても、申請のフォームが見つかりづらかったり、申請に多くの手続きが必要だとしたら、「面倒だから諦めよう」となるのではないだろうか。ナッジが「本人にとってより良い選択」を後押しするのに対し、スラッジは「企業にとって良い選択」を後押しするものが多い。また、ナッジが「選択を禁じること」がないのに対し、スラッジは「誘導したい選択肢以外を極端に選びづらくする」という特徴もある。

データを扱うサービスやプロダクトは、ナッジやスラッジとの相性が良い。良いナッジの条件として、①誘導する行動は対象者の利益を増進するものである必要がある、②透明性を確保しなければならず、ミスリードしてはならない、③離脱は容易でなければならない、という三原則が二〇一五年の『The New York Times』で紹介されている。[26] 一方で、本書でもストレス診断等の事例で挙げたビッグデータによる推定は、個々人の嗜好性や状態等を取得できることから、行動の予測や先回りを得意としている。さらに、目に見えないという特性を持っているため、上記三つの条件を満たすこともできれば、簡単に破ることもできる。一つひとつの施策が、ナッジにもスラッジにもなりうる可能性を秘めていることを理解し、常に倫理観を持ちながらデータに向かい合う必要がある。

5-6

データサービスの全体設計

本章では、体験を軸にデータを扱い、サービスやプロダクトへと導くプロセスや、データを扱うためのUXを設計するうえでぶつかるいくつかの大きな障壁について触れてきた。データの準備から始まり、モデルの作成（メカニズムの解明）、そして生活への浸透と、それぞれに難しさが存在することを感じてもらえたのではないかと思う。最後に、データサービスを俯瞰的視点から設計することの重要性について触れたいと思う。

データから何かしらのアクションを起こしてほしいと考えた時、それが介入方法として適切であり、内容への納得度が高かったとしても、アクションに対する報酬が正しく設計されていなければ人は動いてくれない。たとえ最初は動いてくれても、長続きすることはないだろう。たとえば、データを用いて適切な減量方法を提示するようなサービスがあり、ユーザーに対して「この運動を10分しましょう」という明確なアクションを示すとしても、少なくとも私は継続できる気がしない。継続して改善したければ、実行にかかるコストに対して得られる何かや、蓄積する何かがしっかりと組み込まれていることが求められる。

データから起こすアクションも、サービス全体の一部であるということを忘れてはならない。データからアクションを起こした結果、何かを享受し、同時にサービスにデータを蓄積することで、繰り返し使う、というプロセスが踏まれる。たとえば最新のデータを提示するだけのサイトであったとしても、何かしらのアクションを期待し、繰り返し来訪してもらうためには、やはりサービスとして全体像をデザインする必要がある。

サービス全体の実行コストを考えるうえでは、ニール・イヤールが提唱した顧客体験のプロセスを表す「フックモデル」(27)という考え方を参照するとよい（図60）。サービス形態にもよるが、私もたび設計に用いている。まずは①「トリガー」でサービスに参加をしてもらい、②「アクション」をデータから起こし、③「リワード」で何かしらの嬉しさを得ると同時に、④「インベストメント」でサービスにコミットする。

TikTokを例にしてみるとわかりやすいだろう。①トリガーとして暇つぶしやバイラルチャレンジなどがあり、②アクションで動画の制作や投稿、③リワードでViewやLike、コメントなどが得られ、④インベストメントとしてファンや友達からの評判がサービスに蓄積される。制作されたデータはYouTubeやFacebookといった別のサービスにまで広がり、さらに新しいユーザーを獲得することになる。

データの側面からも、閲覧時のLikeや閲覧時間などの②アクションが行動データとして蓄積され、レコメンデーション精度が上がることで③リワードで好みの動画が流れてくる。④インベストメントでは多くの人とのつながりを持ち、次の利用の①トリガーへとつながる。最初の障壁であるデータの入手についても、人々の行動データが常に収集され続け、障壁2の「メカニズムの解明」についても、閲覧時間やLike等のフィードバックにより常に最適化が行われ、障壁3の「生活への浸透」につい

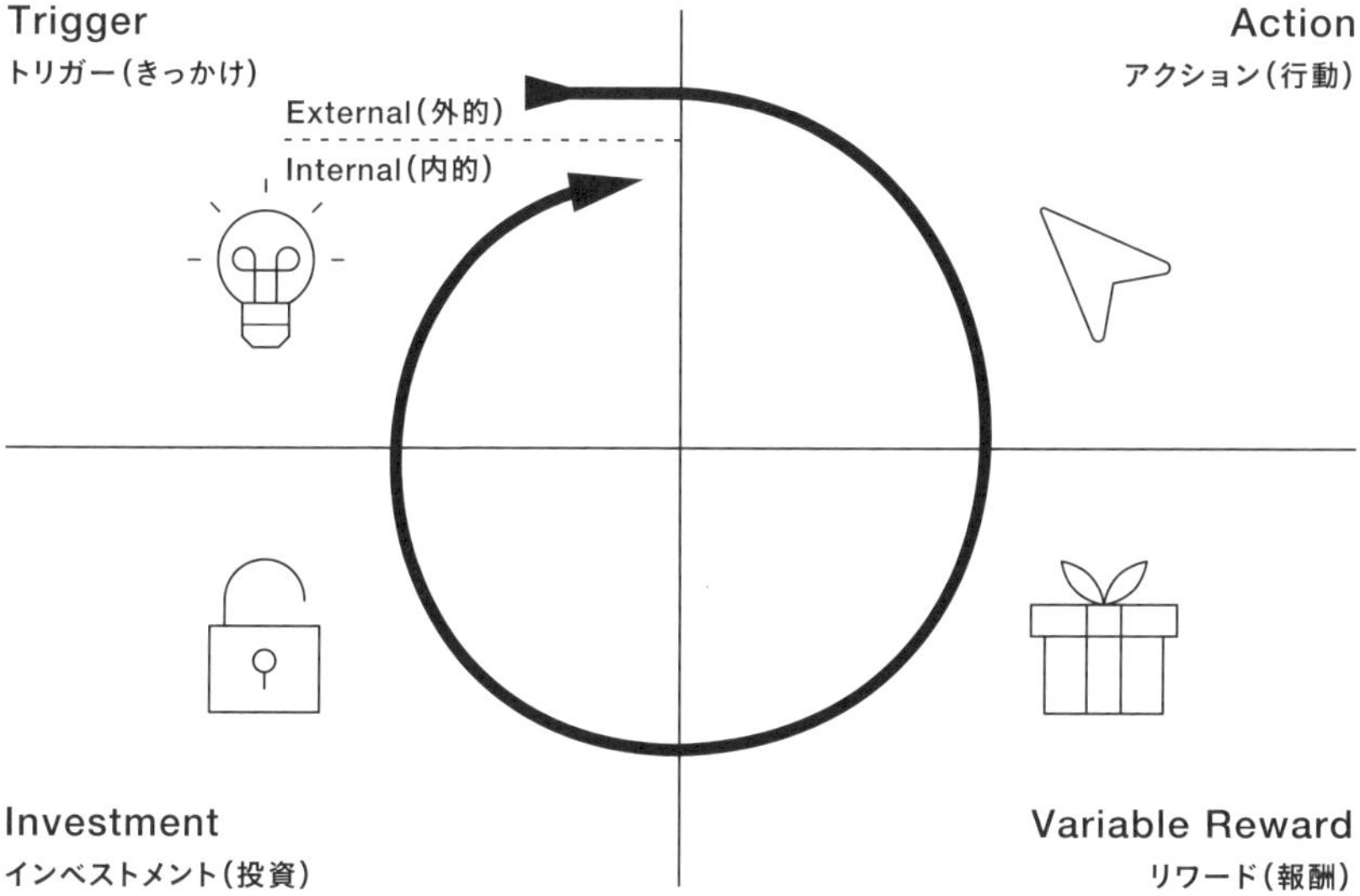

図60　フックモデルの4つのステップ

ても、リワードやインベストメントの設計によりデータと円環状につながっている。TikTokがデータを活用したレコメンデーションを社会に浸透するためだけに数々の仕組みを張り巡らしている状況を見れば、レコメンデーションの精度向上だけでデータの浸透はなし得ないことは明らかだろう。

本書は「データとデザイン」をテーマにしているが、人を中心としてデータを考えた場合、サービス全体のUX設計が必要となることはご理解いただけたと思う。そして、これらの内容は、これまでデザイナーがサービスデザインとして実施してきたものにほかならない。本書はデータと人との接点をどうデザインするかという入り口から入ってきたが、今後生活の中にデータを浸透させるためには、サービスデザインと同様の広い視野をもちながらデータと向かい合わなければならない。

＊　＊　＊

第2部では、人間を中心に考えたデータ活用について触れてきた。第1部が、データの価値をいかに人に届けるかというベクトルで語っていたのに対し、第2部は逆に、人にとってより良いデータ活用とは何かを考えるアプローチであると言える。「誰が、いつ、どうやってデータと触れ合うのか」という問いに真摯に向き合うことで、データに人が寄り添うのではなく、人にデータが寄り添うような未来が描けるようになるだろう。

ここまで読んでいただいた読者の皆さんは、第1部で示した「データのためのデザイン」と第2部で考えた「デザインのためのデータ」という二つの概念が、それぞれ大切であることをご理解いただけたのではないかと思う。しかしながら、これらの概念がそれぞれが単独で扱われるだけでは、本書で提唱している〈データデザイン〉を十分に説明しきれてはいない。次の最終章では、なぜこの二つの概念が単独で扱われてはいけないのか、そして二つの概念を束ねるときこれからのデザイナーの仕事がどのように変化しうるのかについて考えていこうと思う。

終章 ―― データデザイン　Data × Design

人とデータの振り子構造

前章では、人とデータをつなぐための具体的なプロセスや、そこで起こりうる課題について触れてきたが、いざ実際にデータサービスを構築するとなると、もう一段マクロな視点が必要となる。なぜならば、前章で触れた三つの大きな障壁は、一つずつ突破しようとしてもうまくいかないことが多いからだ。たとえば、サービスを設計し終わってからデータを入手しようとしても、データとサービスがうまく噛み合わないといった状況が発生することがある。逆に、多くのデータが手元にあり、そこからサービスを考えようとしても、生活で必要とされるサービスが見つけられないという事態に遭遇する。だからこそ、データから社会のニーズや人の認知などのさまざまな条件をサービス全体の一部と捉えて、それらを同時並行的にデザインする必要があるのだ。

ここでは、その考え方の土台を知るために、データとサービスとの関係性にフォーカスし、データから考える「データ主導型」と、サービスから考える「サービス主導型」の問題点、そして本書で理想的と考える「振り子型」の三つのパターンを紹介する（図61）。

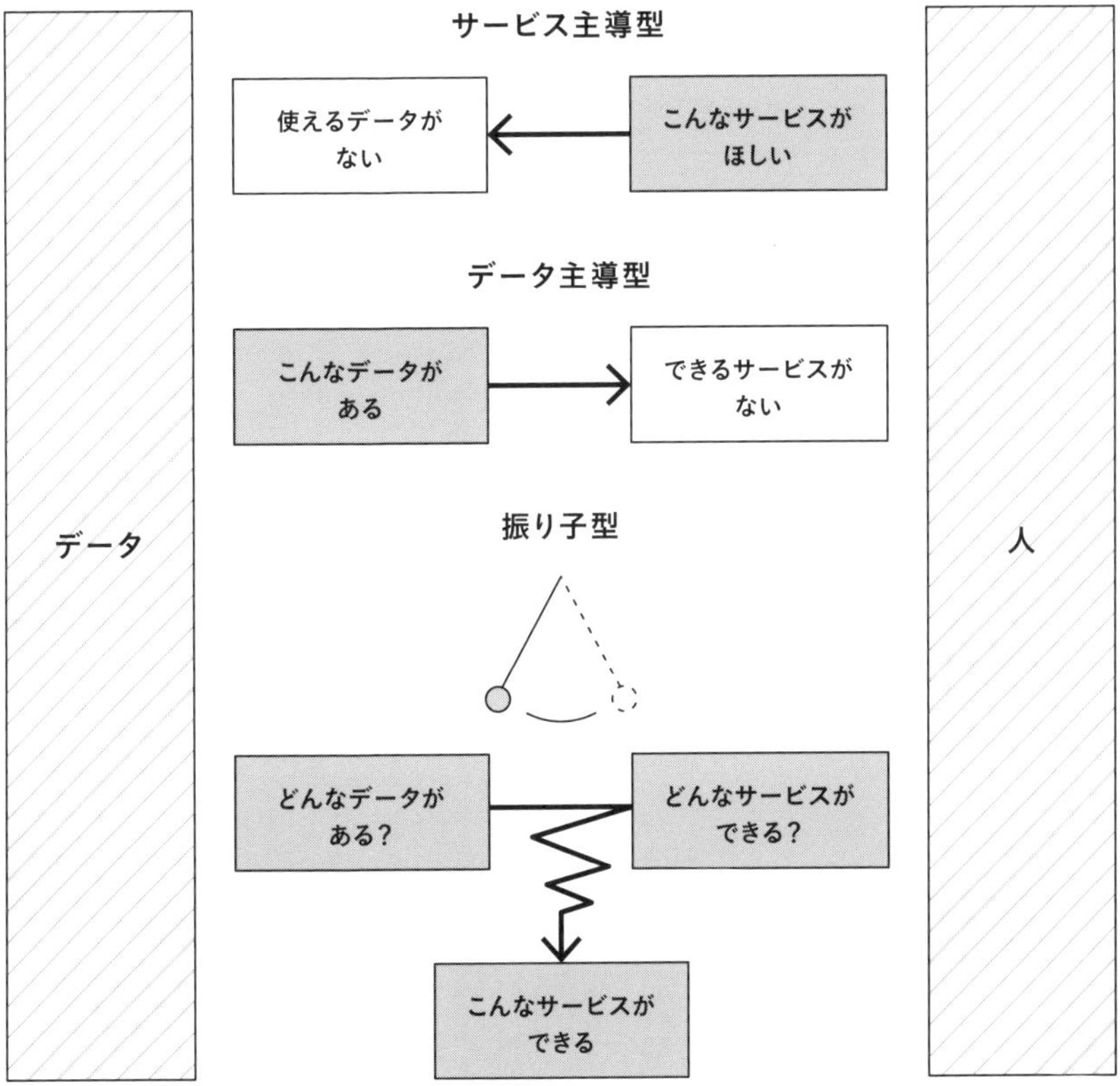

図61　「サービス主導型」「データ主導型」「振り子型」

サービス主導型の問題点

サービス主導型は、先に成し遂げたいタスクを設定し、そこから使うデータを探すような順番での思考を指す。フィールドリサーチやインタビューを繰り返し、UIのプロトタイプなども作りながら、本当にその人にとって必要なジョブが何であるのかの検討を繰り返し、いざ本開発に入ろうという段階で、データが入手できないという事態に陥ったりする。もしデータが入手できたとしても、本開発の時点で初めて実データを確認するような状況では、問題が起こる可能性が高い。たとえば事前にUIのプロトタイプで理想的な体験ができあがっていたとしても、予想よりもデータの粒度が粗く、必要な精度が担保できなかったり、データの抜け漏れや信憑性の低さといった理由から、体験の質がUIプロトタイプから圧倒的に落ちてしまうような状況を幾度となく目にしてきた。先述した障壁の一つ目に、何よりもデータの入手を挙げたのは、こういった状況が発生するからに他ならない。ダミーデータを使った検討なども同じく、実データでは傾向が異なるようなことが多く、何度も手戻りを体験したため、実データを最初に触ることがいかに重要であるかをここで伝えたい。

データ主導型の問題点

では、とにかくデータを先に触れば問題は解決するのかといえば、決してそうとは言い切れない。もちろん数値的な最適化や、既存の推薦エンジンの高精度化など、データに閉じた検討をするのであれば、データ主導型での検討も十分に可能だろう。ところが、新しいサービスの開発となると、逆にデータに囚われてしまい、自由な発想の妨げになってしまうこともある。特に手持ちのデータだけで新しいサービスを検討しようとすると、目の前のデータで実現可能な範囲でサービスを設計してしまい、本来サービスで生み出せたはずの価値の一部しか成し遂げられないといった事態も発生する。このような場合のために、第1部で挙げたようなデータをいかに人に理解してもらうかという視点から、データのためのデザインをすることで、データを社会に近づける努力が必要となる。

サービスとデータの振り子

では、サービス主導型、データ主導型それぞれの問題点を補いながら、最適なサービスを構築するにはどうすればいいのか。理想的な姿としては、サービスとデータを行ったり来たりしながら、振り子を振るように検討を繰り返すのがよい。この場合、サービスとデータ、どちらがスタートにあっても問題ない。サービスから始める場合、サービスの方向性が見えた段階で、早急にサンプルデータを入手すべきであり、データから始める場合は、早い段階でサービスを見据えて、手持ちのデータがサービスの価値を生み出すのに十分であるかを判断すべきだろう。そして、本当にライトな集計や分析から始め、プロトタイピングを繰り返すべきだ。

このようなサービス検討とデータを用いた実装を繰り返すような検討プロセスは、デザイン思考におけるプロトタイピング思想とも近いため、デザインを志す人であれば、ある程度馴染みのある話だろう。しかしながら、データは一般的なエンジニアリング要素よりもさらに体験の質に関わってくるにもかかわらず、ダーティプロトタイピングのように代替物で体験を検証するような方法では「本当にそう動くのかわからない」という状況が生まれやすい。だからこそ、初期の段階から実データを用いながら体験を繰り返し、人とデータそれぞれの視点から次第にプロダクトへと収束させる方法が適しているのだ。

データ・ヒューマナイゼーション

より状況を俯瞰して見るために、ここでは専門家だけでなく、一般の人も含め、できるかぎり多くの人にデータを届けることを前提に考えてみよう。

人は何かに相対した時、考えるより前に感じてしまう、と言われているが、私はよくこれを「Feel-first」という言葉で表現する。専門家によるデータの取り扱いは、目的が明快であることが多く、思考から始まるため「Think-first」であったが、準専門家や一般の生活者とデータの関係性は、今後よりFeel-firstに近づいていくだろう。レコメンデーションサービスなどは、人が「どう感じるか」という領域にすでに向き合っているが、今後多くのサービスが同じように向き合っていかなくてはいけないだろう。

ＤＸの振り子

その最たるがＤＸ（Digital Transformation）だろう。二〇一六年に日本政府が発表したSociety 5.0を皮切りに、さまざまな業界でＤＸという言葉を用い、デジタル技術を活用した取り組みを進めている。先に紹介した物流のデジタル化も、当時「ＤＸ」とは呼ばれなかったが、流通のデジタル化であり、

DXの先駆けと言える。DXこそデータと人を行き来しながら考え、丁寧に双方を接続する必要がある分野だろう。さまざまな会社がDXのためのツールを商品として展開しているが、多くの場合「ツールを入れたらDX完了！」とはならない。よく「結局半分以上のデータはまだ紙のままで……」という現場に遭遇するが、どのようなツールを用いたとしても、現場との接続こそDXに必要なプロセスなのだ。

Column

DXは、二〇〇四年にエリック・ストルターマンが「ITの浸透が、人々の生活をあらゆる面でより良い方向に変化させること」と定義し、その後、二〇一四年にはマイケル・ウェイドらが、特にビジネス分野において「デジタル技術とデジタル・ビジネスモデルを用いて組織を変化させ、業績を改善すること」と定義した。そして、二〇一八年には経済産業省が「企業がビジネス環境の激しい変化に対応し、データとデジタル技術を活用して、顧客や社会のニーズを基に、製品やサービス、ビジネスモデルを変革するとともに、業務そのものや、組織、プロセス、企業文化・風土を変革し、競争上の優位性を確立すること」と定義している。

Transformationというと変化をイメージするが、決して急激な変化である必要はない。DXを一気に進めると、データの整備やシステムの導入だけでも相当な時間と労力がかかるだけではなく、導入後に現場がシステムに慣れるために、さらなる大きな労力を要する。大規模なサプライチェーンを持つような会社では、場合によって普段デジタルツールを使っていない人がいる可能性もある。会社それぞれに異なる種類のデータがあるように、人それぞれに適したインタフェースが存在し、双方を紐解きながら導入を進めることが、人とデータを近づけるために必要なのだ。第3章でレトロフィットという手法を紹介したが、現場へデジタルをフィットさせるためには、システムの拡充と同時に、インタフェースをゆっくりと現場に浸透させるような工夫が必要だろう。

たとえばデジタル庁の行政サービスのデジタル完結に向けたロードマップ案（「デジタル社会の実現に向けた重点計画」[28]）では、デジタル完結までのロードマップを四つのフェーズに区切った検討をしている。フェーズ1においては、「Front Onlyフェーズ」と定義し、取引の入口部分だけをデジタル化し、フェーズ2になった段階で処理部分のシステムを入れている。段階的なデジタル化をすることで、行政側の負荷を最小限に抑え、ゆっくりと浸透させる案になっている。まさにレトロフィット型のアプローチと言える。

「許容」という大きな壁

ここで、データと人の関係性を、少し異なる切り口から考えてみようと思う。それぞれの立ち位置は、ブランディングのフレームワークで考えるとわかりやすい。

図62は、私たちTakramがブランドの構築をする時によく用いる図だが、企業やサービスと生活者との関係性を説明する際にもよく用いるので紹介したい。この図では、中心にMissionやVision、その周辺にEmotional ValueとFunctional Value、そして、最外周にTone & Mannerが配置されている。企業やプロダクトはその芯の部分にVisionやMission、Concept等を持っているが、サービスに出会った生活者はこの円の外側に居るため、最初に触れるのはTone & Mannerになる。たとえばAirbnbなどのサービスを想像してみてほしい。記事や投稿などで「優雅そう」や「楽しそう」といった印象から、そのサービスに興味を持ち「許容」する。そして、詳細を調べるうちに「長期滞在での価格が安い」や「普段と異なる体験ができる」といった価値を「判断」し、実際にサービスを体験するうちに「世界のどこでも居場所が見つかる（Belong Anywhere）」という思想に触れて「共感」に至る。

データを使ったサービスをデザインする場合、同じような構造をイメージしながら、その思考の順番に注目してほしい。第1部の「データのためのデザイン」では、何かしらの意図（Concept）を持って、分析によって価値（Value）を見い出し、可視化などの手法（Tone & Manner）を用いてデータを生活者へと届けることを書いた。この図においては、中央から外側に向かうような視点である。データを持つ組織や団体が、その価値を世の中に「提示」するような考え方はまさにこれにあたる。一方で、第2部の「デザインのためのデータ」では、人を中心に、どんなＵＩ／ＵＸ（Tone & Manner）であれば多くの人がデータを許容できるかを考え、生活の中の体験から価値（Value）を導き出し、コンセプト（Concept）を構築する、外側から内側に向かうような視点について書いた。

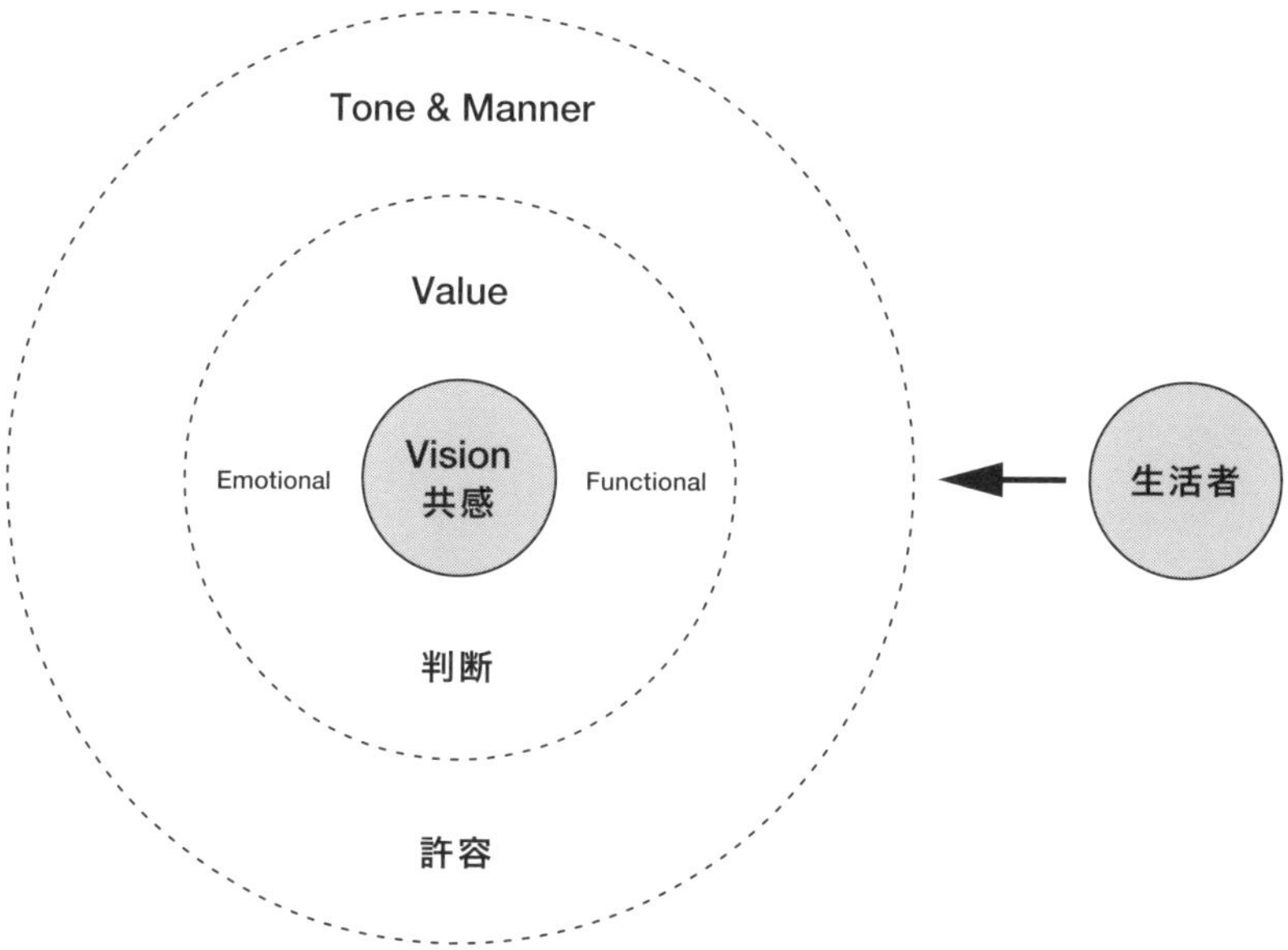

図62　企業やサービスブランドと生活者との関係図

このフレーム上で、データサービスのこれまでとこれからを考えるとわかりやすいだろう。これまでのデータサービスの場合、届ける相手が専門家であるため、図63における、Valueの設計までで十分にビジネスが成り立っていた。一方で、世の中に膨大な量のデータが還元され、サービスが私たちの生活に近いものになってくると、そこには「許容」が必要となる。つまり、生活の中で「どう感じるのか」という「許容」をしてもらうための設計が大切になるのだ。これは「Tone & Manner」や「Tone of Voice」と呼ばれ、いわゆる色や形、文章といった表現の部分の設計にあたる。B2Cのサービスが UIやUXを重視するのは、サービスが生活に組み込まれるために、この「許容」が欠かせないからだ。

この「許容」のレイヤーこそが、サービスが内側からだけでは設計できない最大の理由となっている。いくらコンセプトが優れていて、機能性が高くても、「UIがダサい」とか「難しそう」と感覚的に許容されなければ、生活者にデータの価値が届かないのだ。だからこそ、サービスのデザインでは、セオリーとしてユーザーを中心に据え、ジャーニーマップを使ったペインポイントの抽出や、ユーザーテストを繰り返すことで、この壁の突破を試みることになる。そして、この外側の「許容」レイヤーを突破した先には、実現可能性の壁が立ちふさがる。データを扱うか否かにかかわらず、あらゆるプロダクトやサービスにおいて実現可能性の壁は存在する。だからこそ、サービスのデザインでは、プロトタイピングと検証の繰り返しが欠かせないのだ。

ここまで読み進めてきた読者の方には、そろそろ〈データデザイン〉の輪郭が見えてきたのではないだろうか。本章の冒頭で「サービス主導型」の問題点として、いくら良いアイデアが浮かんでも、

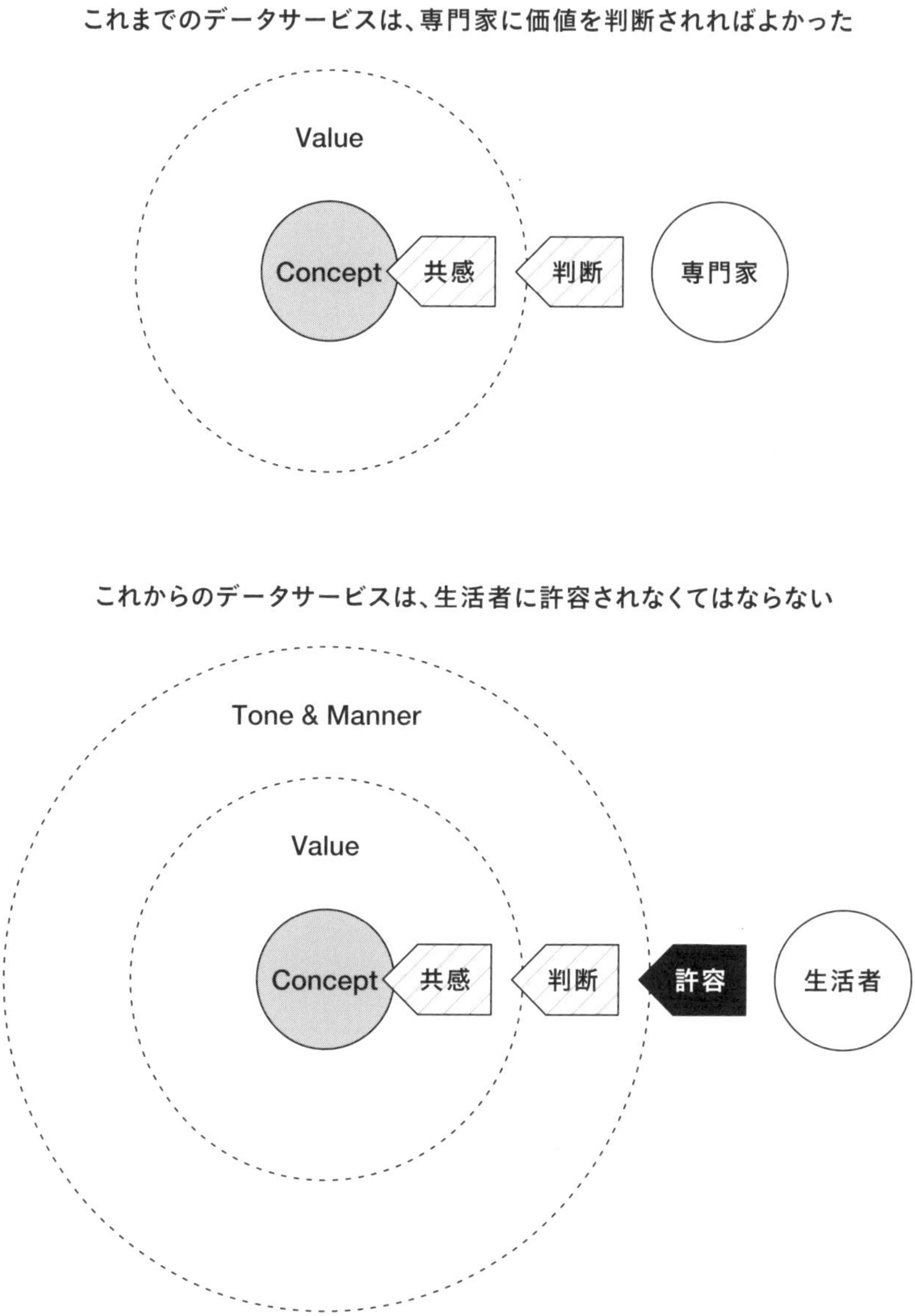

図63　データサービスの変化

データが存在して、なおかつ目的の体験を数理モデルとして抽出できなければサービスが実現しない、という点を挙げた。データの場合、さらに入手の困難性や専門家以外による扱いの難しさ、生活者からの心理的距離といったいくつかの課題が、本来必要となるフットワークの軽いプロトタイピングと検証の行き来を妨げてしまう。本書がデザイン書として書かれており、かつこれからのデザイナーがデータを適切に理解し、扱うべき理由がここにある。

デザイナーとデータの専門家が分業していたら、どのようなことが起こるかはもはや自明だろう。「こんなサービスが作りたいのだけど」と言ったところで、「作るので、それができるデータを持ってきてください」という一休さんの頓知のような回答が返ってくるのは目に見えている。もちろん、データの専門家がクリエイティブな発想を持ち、生活者をよく理解したうえでインタフェースの設計を外注できれば、それでもよいだろう。ただ、その場合、その人物はもはや「デザイナー」と呼んでしまったほうがよいのではないかと筆者は考える。

〈データデザイン〉で最終的に達成すべきは、データを主体としたボトムアップ的思考で実現可能性を理解し、人を主体としたトップダウン的思考で生活者を観察しながら、複雑なパズルを解き切ることにある。最近では都市計画や建築の領域において「ヒューマナイゼーション」という言葉が多く使われるようになってきたが、〈データデザイン〉を、よりデータを人に近づける行為と捉えるのであれば、これを「データ・ヒューマナイゼーション」と呼ぶことができるだろう。デザイナーはこれまで多くの時間を人に寄り添い、観察し、「許容」の突破の仕方を理解している。あとはデータに対する理解があれば、人々にデータを届けるというデザインは完成すると筆者は信じている。

変わりゆくデザイナーの仕事

社会全体がデジタル環境とは切っても切れない関係になりつつある現在、そこから必ず生まれる「データ」というものを、もはやデザインの領域が無視することはできない。自分がデータと無縁だと思っていても、日々の生活環境自体がデータを生み続け、社会全体がそのデータによって大きな影響を受けることはもはや避けられない状況だろう。

データを用いたプロダクトやサービスは、これまで実現しえなかったビジネスを、圧倒的な計算処理能力で解いてしまう。たとえばUberが導入した「dynamic pricing」は、需要と供給のバランスを価格のリアルタイム変動という方法でコントロールし、運転手と利用者の固定された関係性をも取り払った。人の手では到底コントロールできない細かなバランスをコンピュータで解いたことにより、需要が大きい時には運転手として賃金を稼ぎ、そうでない時には一利用者として使用するというライフスタイルをも生み出したのだ。今では、ホテルの宿泊費から量販店の値札まで、リアルタイムに変動することが私たちの生活の普通の姿となった。私たちが天候とともにリアルタイムに変動する価格を見ながら「今だ！」とボタンを押す営みも、いずれ生活の一部としてデザインされる可能性があるのだ。

デザイナーは、これまで多くの変化に立ち会ってきた。自動車の運転ひとつとっても、ＡＩの自動運転によって乗車体験が大きく変化するタイミングにあり、それを取り巻く人々の生活は大きく変化することは想像に難くない。そして、そこには機能的な価値だけではなく、情緒的な営みもデザインされる必要性がある。「運転をしなくなったら、人々は車の中でいったい何をするのだろう?」といった問いは、デザイナーこそが日々考えるべき内容なのだ。

世の中にデータが溢れゆく現在、デザイナーは知らず知らずのうちにその影響下に置かれていく。インターネットとスマートフォンの浸透がウェブデザイナーという職業を生み出し、求人広告上に溢れかえったように、データを理解し、それを人々の生活に浸透させるための求人対象にデザイナーが加わるようになるのは、極めて自然な流れだろう。また、エンジニアがデザインの思考を取り込み、広義のデザイナーへと変化していく流れも、極めて自然であると言える。

データの民主化へ

最後に、改めて本書の全体を俯瞰して、データとデザインの関係性と、そこから見えてくる未来についてまとめておこうと思う。

第1部では、可視化や人工知能を題材に、データを人に近づける必要性やその方法について、具体的な事例とともに紹介した。私たちの生活からは多くのデータが生み出され、さまざまなサービスを通じて生活へと還元され始めている。目には見えないが、データというものが私たちの生活に極めて身近なものになり、結果的に消費は日々複雑化している。データを人により近づけるために、複雑性を可視化や統計といったさまざまな手法を駆使して乗り越え、データから新しい価値を生み出す努力がなされてきた。そして、人工知能の発達により、データはさらに私たちの生活に近づき、信頼性という新たな課題に向き合わなければならなくなった。データを人に近づけるという営みは、デザインがその持てる多くの力を発揮して、データの価値を社会へと発信する、まさに「データのためのデザイン」と言い換えることができる。

第2部では視点を切り替え、人間を中心としてデータに向かい合い、データを生活に浸透させるアプローチについて考えた。データは専門家が「提示」するものから、生活へ「浸透」するものに変わりつつある。市民データサイエンスという潮流は、情報科学の発展によるデータ整備の自動化や、複雑なデータの読み解きをシステムで支援することにより、人それぞれに最適なインタフェースのかたちを提供できるようにしている。今はまだ、データを扱おうとすると多くの障壁が横たわってはいるが、現状を正しく理解し、リアリティを持ってデータと向き合うことで、生活のなかにデータを「浸透」させる道筋が見えてくるだろう。多くの障壁はデータを扱うすべての人々を目の前の技術的な課題に引き戻そうとするが、忘れてはならないのは、生活への「浸透」を目指すには生活への介入が必要であり、目標に向かって観察と試作を繰り返すことはデザインの得意分野であるということだ。より良いユーザー体験やサービス設計のためにデータを活用する、すなわち「デザインのためのデータ」として、これからのデザインの在り方にできればと考えている。

そして終章では、第1部と第2部、それぞれの視点を行き来することの重要性について記した。生活者がサービスやプロダクトに触れる瞬間には「許容」が大切になり、極めて感性的な課題を解くために、人を中心として物事を考える必要がある。そして同時に、データという極めてシビアな制約が存在するため、データを中心として考えるボトムアップ的思考と、人を中心として考えるトップダウン的思考を行き来する必要性を示した。この、振り子のようにデータと人を行き来しながら俯瞰的に考えるデザインのアプローチを〈データデザイン〉として提唱した。

すでに産業のなかでさまざまな活用をされているデータは、私たちの生活を大きく変化させていくだろう。この本を手にとってくれたデザイナーの方には、生活の中にデータが浸透した未来を。エンジニアの方には、データを取り巻く生活を。そして俯瞰して見ている人は、その二者がいかに近い存在であるべきかを、今一度心に留めてもらいたい。そして、その誰もが〈データデザイン〉を志すデザイナーになりうると考え、私が日々向かい合っている世界を共に歩んでもらえると、これ以上の喜びはない。

あとがき

「この研究結果のデータをかっこよく可視化してほしい」

「このサービスのデータベース構築を手伝ってほしい」

学生の頃、データに関する筆者への相談は、この大きく二つのパターンが多かった。当時はデザインエンジニアとは名乗っておらず、美大に所属しているソフトウェアエンジニア、という立ち位置だったため、美的感覚を求めた相談と、エンジニアリング知識を求められる相談で、二分化していたように思える。いただいていた相談は、どちらも極めて重要な役割を担っており、学生だった筆者にこのような大役が任されたことを大変喜んだのを覚えている。一方で、どちらも本書で言う「データをデザインする」という理想を叶えるには、相談のスコープが限られていたため、当時は理由もわからずに謎の消化不良感を味わっていた。

本書では、「人」と「データ」という大きな二つの軸で語られているが、上記の相談は「人の感性に響くデータにしたい」というものと、「データを人が使えるように整備してほしい」という、まさに人とデータ、それぞれに対して個別に最適化を求められるようなものであったかと思う。当時はそもそも、一般的にデータは専門家が触るもの、という前提があったため、人とデータを直接関わらせるニーズが薄く、相談のスコープ自体が重ならなかったのだ。今であっても、上記のような相談は喜んで受けるが、たとえば、研究結果は教育コンテンツやミニゲームなどで一般の人も体験可能にしてもよいだろうし、データベースの構築も欠損の少ない入力のＵＸ構築やＡＩを用いたデータの体験構築といったより幅広い視野で議論しうるのではないかと思う。

本書は、データを切り口としているが、極めて広義なデザインの本として書かれている。筆者にとってデータは大きな存在ではあるが、「世の中に新しい価値を生み出す」という目線から、今、データがとても重要な位置にあるという考え方をしている。

現在私たちは時代の大きな転換期に生きている。人工知能をはじめとしたさまざまな新しい技術が世界中で発表され、今日作ったものが明日には古いものと感じてしまうような価値観の変化に晒されている。本書を執筆している最中にもいくつもの新しい発表があり、その度に全体を読み直してきたが、言及すべき内容は大して変化しないことを改めて確認することができた。それは、本書の主体が「データ」ではなく、データを取り巻く「デザイン」であり、その変化を「人」というスケールで捉えているからにほかならない。

大学の講義で「五十年後でも変わらないものは何だと思う？」と聞いたとき、とある学生が「全身が機械になっていたとしても、大晦日には神社で金属の手を合わせていると思う」と答えた。彼は別に信仰心の話をしているのではなく、習慣の話をしていて、なるほどなと感じた。序章でも、コールセンターのスタッフが普段検索エンジンに慣れているため文章での検索ができなかった、という事例を挙げたが、技術がいくら進歩したところで、人の習慣はそんなスピードでは変化しないのだ。「人」のスケールから考えれば、いくら良いデータが手に入ったとしても、認知や判断が追いつかなければ、その価値を発揮することはない。本書を手に取った読者の皆さんには、ぜひ「人」のスケールから改めて新しい技術を俯瞰し、普遍的な価値観を社会に見出してもらいたいと思う。

最後に、この本を共に創り上げてくれたBNN社の村田純一さん、そして、データの世界に深く関わる機会を与えていただき、本書の校正にも貢献してくれた統計家の西内啓さん、さまざまな経験を蓄積するための場所や機会を提供してくれたTakram社とクライアントの皆さんには、心から感謝の意を表したい。

なかでも、Takram社の田川欣哉さん、矢野太章さん、そしてプロジェクトを共にしている職場の同僚には、企画前の段階からたびたび相談にのってもらい、彼らなしではこの本は存在しなかったと思っている。他にも、さまざまなプロジェクトを共にしている皆様、人工知能分野では風間正弘さん、心理学分野では西本真寛さん、データ可視化分野では山辺真幸さん、有本昂平さん、データ活用分野では六信考則さんには、本業でご多忙の中、本書の校閲にご協力をいただき感謝を申し上げたい。

そして、難解なプロジェクトに立ち向かう筆者を常に支援をしてくれる家族には、感謝してもしきれない。

二〇二三年十二月　櫻井 稔

出典一覧

（1） Google, 2012：Using large-scale brain simulations for machine learning and A.I.
https://blog.google/technology/ai/using-large-scale-brain-simulations-for/

（2） 総務省」2023：我が国のインターネットにおけるトラヒックの集計結果
https://www.soumu.go.jp/main_content/000896195.pdf

（3） Amazon：米国特許US8615473 B2
Method and system for anticipatory package shipping
https://patents.google.com/patent/US8615473

（4） R. S. Taylor, 1968
Question-Negotiation and Information Seeking in Libraries
https://crl.acrl.org/index.php/crl/article/view/12027/13473

（5） Scott Berinato, 2016 Visualizations Really Work
https://elearn.iia.org.au/pluginfile.php/20915/mod_resource/content/1/Berinato%20-%20Visualizations%20That%20Really%20Work.pdf

（6） ジョン・スノウ」水上茂樹訳「コレラの伝染様式について」
https://www.aozora.gr.jp/cards/001600/files/53757_67624.html

（7） Snow, John. On the mode of communication of cholera. John Churchill, 1849.

（8） Tukey, John W. Exploratory data analysis. Vol. 2. 1977.
http://theta.edu.pl/wp-content/uploads/2012/10/exploratorydataanalysis_tukey.pdf

（9） *https://www.slideshare.net/MarketingArrowECS_CZ/sas-visual-analytics-65927030*

（10） George Armitage Miller, 1956：The Magical number seven, plus or minus two

（11） Christopher Alexander, 1977：A Pattern Language：Towns, Buildings, Construction

（12） Nelson Cowan, 2001：The magical number 4 in short-term memory：A reconsideration of mental storage capacity

（13） 一般社団法人日本自動車工業会：ＪＡＭＡ」画像表示装置ガイドライン3・0版

（14） PRI Discussion Paper Series (No. 16A-09)：ＰＤＣＡについての論点の整理
https://dl.ndl.go.jp/view/prepareDownload?itemId=info%3Andljp%2Fpid%2F11350436&contentNo=1

（15） 『ママスタまなび』
https://manabi.mamastar.jp/ 「東大生は幼少期どのような生活を送っていたのか」に関する実態調査

（16） Nature Media：Clinically applicable deep learning for diagnosis and referral in retinal disease
https://www.nature.com/articles/s41591-018-0107-6

（17） Google, AI Explainability Whitepaper：
https://cerre.eu/wp-content/uploads/2020/07/ai_explainability_whitepaper_google.pdf

（18） Sundararajan, Mukund, Ankur Taly, and Qiqi Yan. "Axiomatic attribution for deep networks." International conference on machine learning. PMLR, 2017.
https://proceedings.mlr.press/v70/sundararajan17a/sundararajan17a.pdf

（19） Predictive Analytics Programs at Large Healthcare Systems in the

USA：a National Survey
https://link.springer.com/article/10.1007/s11606-022-07517-1

(20) NIHR：Artificial intelligence e-learning launched for researchers
https://www.nihr.ac.uk/news/artificial-intelligence-e-learning-launched-for-researchers/31387

(21) Christensen, Clayton M, 2017, Competing against Luck：The Story of Innovation and Customer Choice

(22) Taxonomy and Definitions for Terms Related to Driving Automation Systems for On-Road Motor Vehicles J3016_202104
https://www.sae.org/standards/content/j3016_202104/

(23) 経済産業省「デジタルガバナンス・コード2.0」
https://www.meti.go.jp/policy/it_policy/investment/dgc/dgc2.pdf

(24) 天気予報に関するアンケート調査結果【単純集計結果】WEB調査
https://www.jma.go.jp/jma/kishou/hyouka/manzokudo/14manzokudo/14tanjunshukei.pdf

(25) 総務省「Smart City Aizu-Area」会津地域スマートシティ推進協議会
https://www.soumu.go.jp/main_content/000452041.pdf

(26) The New York Times「2015：ナッジ、その良い力と悪い力」

(27) Eyal, Nir. Hooked：How to build habit-forming products. Penguin, 2014.
https://hmbs.community/wp-content/uploads/2019/09/Boek-van-de-Maand-September-2019-Hooked-Nir-Eyal.pdf

(28) デジタル庁「2022「デジタル臨時行政調査会作業部会（第13回）「行政サービスのデジタル完結に向けて」
https://www.digital.go.jp/assets/contents/node/basic_page/field_ref_resources/f0c4ebf4-bd96-49f3-bd84-cb0653629b25/f3082b0b/20220830_meeting_administrative_research_working_group_outline_06.pdf

画像出典一覧

図1 株式会社電通「draffic」

図2 Flight Flow
https://ja.takram.com/projects/theodolite

図3 Athlete Dynamism："ATHLETE" at 21_21 DESIGN SIGHT
https://ja.takram.com/projects/athlete-dynamism

図4 Scott Berinato「Visualizations That Really Work」の記事をもとに作成。
https://hbr.org/2016/06/visualizations-that-really-work

図5 OPEN CULTURE「The Pioneering Data Visualizations of William Playfair, Who Invented the Line, Bar, and Pie Charts (Circa 1786)」
https://www.openculture.com/2023/05/the-pioneering-data-visualizations-of-william-playfair-who-invented-the-line-bar-and-pie-charts-circa-1786.html

図6 Wikipedia
https://en.wikipedia.org/wiki/John_Snow#/media/File:Snow-cholera-map-1.jpg

図7　Wikipedia
https://en.wikipedia.org/wiki/Charles_Joseph_Minard#/media/File:Minard.png

図8　Wikipedia
https://en.wikipedia.org/wiki/File:Nightingale-mortality.jpg

図9　information is beautiful
https://informationisbeautiful.net/

図10　Wikipedia
https://commons.wikimedia.org/wiki/File:Data_visualization_process_v1.png

図11　Wikipedia
https://en.wikipedia.org/wiki/Matplotlib#/media/File:Mpl_screenshot_figures_and_code.png

図12　Wikipedia
https://en.wikipedia.org/wiki/Trendalyzer#/media/File:Gapminder_sample.png

図13　RESAS Prototype：経済産業省
https://ja.takram.com/projects/resas-prototype

図14　RESAS Prototype：経済産業省
https://ja.takram.com/projects/resas-prototype

図15　一般社団法人日本自動車工業会「画像表示装置ガイドライン3・0版」をもとに作成
https://www.jama.or.jp/operation/safety/display_system/pdf/jama_guidelines_v30_jp.pdf

図17　Flourish
https://flourish.studio/

図18　Variable
https://variable.io/

図21　同2

図22　dataDiver：Data Vehicle, Inc.
https://ja.takram.com/projects/data-diver

図24　WAVEBASE：TOYOTA
https://www.toyota.co.jp/wavebase/

図26　GeoDiver：Data Vehicle, Inc.
https://ja.takram.com/projects/data-diver

図27, 28　同22

図30　同2

図33　Mukund Sundararajan, Ankur Taly, Qiqi Yan「Axiomatic Attribution for Deep Networks」
https://arxiv.org/pdf/1703.01365.pdf

図34　Vivino, App Storeより

図36　cheetah「昔の箱型アナログテレビ」
https://www.photo-ac.com/main/detail/3053100

図37　国土交通省「自動運転を巡る動き」をもとに作成
https://www.mlit.go.jp/common/001155023.pdf

図39　「雑談の相手からバイト情報まで提供してくれるLINE公式アカウント「パン田一郎」登場」
https://internetcom.jp/wmnews/20140709/4.html

図40　Fred Lambert「Tesla releases the details of its new radar processing technology：point cloud, 2-car ahead tracking & more」
https://electrek.co/2016/09/11/tesla-autopilot-radar-processing-v8-update/

図41　アル「「近いマンガ」がわかるマンガ新検索」
https://alu.jp/MangaNearestMap/

図48　Wikipedia
https://ja.wikipedia.org/wiki/天気予報#/media/ファイル:Weather_forecast_by_JMA_20230511.png

図50　佐宗邦威『直感と論理をつなぐ思考法 VISION DRIVEN』ダイヤモンド社，2019

図51　Yahoo! JAPAN Contents Tree：Yahoo! JAPAN
https://ja.takram.com/projects/yahoo-japan-contents-tree

図52　リサーチプロジェクト『東京計画2020 ネコちゃん建築の5656原則』
https://ja.takram.com/projects/cats

図60　ニール・イヤール，ライアン・フーバー，金山 裕樹 訳『Hooked ハマるしかけ：使われつづけるサービスを生み出す 心理学 × デザインの新ルール』翔泳社，2014

櫻井 稔（さくらい みのる）

ビッグデータの可視化から、UI／UXデザイン、サービスデザインまで幅広く取り組んでいる。二〇一四年Takramに参加。二〇〇七年未踏ソフトウェア創造事業スーパークリエータ認定。二〇一四年東京藝術大学美術研究科デザイン専攻博士後期課程修了。代表作に日本政府のビッグデータビジュアライゼーションシステムの「RESAS—地域経済分析システム—」のプロトタイピング、データサイエンス支援ツール「DataDiver」のUI／UX設計・デザイン、隈研吾展—新しい公共性をつくるためのネコの5原則「東京計画2020」、日本精工株式会社（NSK）のグローバルキャンペーン「__with Motion & Control」などがある。グッドデザイン金賞など受賞多数。

データとデザイン　人とデータのつなぎかた

二〇二四年一月一五日　初版第一刷発行

著　者　櫻井 稔
発行人　上原哲郎
発行所　株式会社ビー・エヌ・エヌ
〒150-0022
東京都渋谷区恵比寿南一丁目20番6号
Fax：03-5725-1511
E-mail：info@bnn.co.jp
www.bnn.co.jp

印刷・製本　シナノ印刷株式会社

デザイン　駒井和彬（こまゐ図考室）
編集協力　矢野太章
編　集　村田純一

 ISBN978-4-8025-1268-8　Printed in Japan